EXPEDITION NATUR

Entdeckungen an Bach & Teich

- Entdecken & Experimentieren
- Mit vielen Tipps für Junior-Forscher!

Martina Gorgas

Mit Illustrationen von Steffen Walentowitz

moses.

Hallo, mein Name ist Finn!

Ich liebe das Forschen und Entdecken in der Natur und möchte dich gerne mitnehmen auf meine Expedition. Weißt du, was eine Expedition ist? So nennt man einen Ausflug ins Freie, bei dem man eine Menge Nützliches und Verblüffendes über die Natur erfährt, zum Experten für Pflanzen und Tiere wird und eigene Nachforschungen anstellt.

Ob am Bach in der freien Natur oder am Teich im Garten – überall leben große und kleinere Tiere. Mit etwas Glück und Geduld kannst du Frösche, Enten, Libellen und andere Tiere beim Schwimmen und Fliegen, Jagen und Fressen oder bei der Aufzucht ihrer Jungen beobachten. Bestimmt kennst du schon viele Tiere und Pflanzen, die in diesem Buch genannt sind. Aber weißt du auch, in welchem Lebensraum sie sich bewegen und was für Besonderheiten sie haben? Und sicher interessiert dich ganz besonders, wo und wann du die Tiere am besten beobachten und an welchen Stellen du welche Pflanzen entdecken kannst.

Und nun viel Spaß bei unserer gemeinsamen Entdeckungsreise an Bach und Teich!

FINNs  **TIPP!**

Wenn im Text ein schwieriges Wort auftaucht, das du nicht kennst, schau im Glossar nach (Seite 94). Dort ist es erklärt.

Inhalt

Entdeckungen an Bach & Teich

FINNs TIPP!

Psst- schön leise sein!

Bitte denk dran: Egal, ob du im Bach oder Teich gehst oder stehst, dich ans Ufer setzt oder dich dort zur Beobachtung auf den Bauch legst – sei so leise wie möglich, damit dich die Tiere möglichst nicht wahrnehmen. Du wirst sehen, dass du schon bald belohnt wirst: Vielleicht schwirrt eine Libelle über das Wasser oder Bläschen zeigen an, dass ein Molch zum Luftholen auftaucht. War das gerade nicht das Quaken eines Froschs?

Vorbereitungen für die Entdeckungstour

Welches Tier hat diese Wohnburg aus Ästen, Zweigen und Schlamm gebaut? Zu welchem Vogel gehört dieses Grasnest? Wie und wann entstehen Kaulquappen aus dem Froschlaich am Bachufer? Diese und andere spannende Fragen kannst du während deiner Entdeckungstour am Bach und Teich beantworten. Du wirst sehen, es ist einfach spannend zu erleben, wie sich die Tiere dort verhalten! Denk aber bitte immer daran, beim Beobachten der Tiere ausreichend Abstand zu halten. Denn du möchtest sie ja nicht in ihrem Lebensraum stören oder ihnen unnötig Stress bereiten. Nimm deshalb auf deine Entdeckungstour immer ein gutes Fernglas mit. Dann kannst du vom Ufer aus zusehen, wie sich eine Ente auf einem Bein stehend putzt oder wie ein Gelbrandkäfer an der Wasseroberfläche treibt. Schau aber vorher, ob Du in einem Naturschutzgebiet bist: Dort darfst Du die markierten Wege nicht verlassen.

Ein paar Grundregeln

Die meisten Tiere an Bach und Teich lassen sich gut beobachten, weil ihr Lebensraum recht überschaubar ist. Such dir an dem Bach oder Teich, den du erforschen willst, als Erstes einen passenden Standort aus, möglichst eine flache Stelle am Ufer, wo du dich mit deiner ganzen Forscherausrüstung bequem niederlassen kannst. Setz dich dann erst einmal ans Ufer, mach deine Augen und Ohren weit auf und pass gut auf, was am und im Wasser zu sehen und zu hören ist. Vielleicht entdeckst du ein paar Wasserläufer, die sich auf dem Wasser jagen oder staunst über die gerade so üppig blühenden Teichrosen. Du willst herausfinden, welche Tiere es unter der Wasseroberfläche gibt? Dann geh vorsichtig ins Wasser, je nach Wetter und Jahreszeit mit Gummistiefeln oder mit wasserfesten Sandalen. Such dir eine seichte Stelle im Wasser aus, wo du sicher stehst. Das gilt vor allem für Bäche, weil es dort eine starke Strömung geben kann. Und noch ein wichtiger Tipp: Eines brauchst du auf alle Fälle, wenn du Entdeckungen an Bach und Teich machen willst – eine große Portion Geduld!

An Bach und Teich gibt's viel zu sehen

Du wirst staunen, wie viele verschiedene Tiere und Pflanzen sich an einem Bach oder Teich entdecken lassen! Nirgendwo sonst in der Natur, weder im Wald noch auf Feldern oder Wiesen, findet man auf so engem Raum ein so vielfältiges Tier- und Pflanzenleben. Nirgendwo sonst kannst du so leicht verstehen und beobachten, wie sich Tiere an ihre Umgebung anpassen. Bäche und Teiche sind Lebensräume für sehr viele Tierarten, auch für solche, die nicht im Wasser leben. Die Gewässer und ihre Uferbereiche dienen ihnen als Kinderstube, Rückzugsbereich und Jagdrevier.

Quirliges Tierleben im Wasser

Etwa die Hälfte aller Vogelarten und rund 10 Prozent aller Säugetiere brauchen Gewässer und ihre Uferbereiche als Lebensraum. Dazu kommen alle Fische und Amphibien, sowie unzählige kleine Tiere, sogenannte Wirbellose, wie Insekten, Würmer, Schnecken und Muscheln. Auch zahlreiche Pflanzenarten sind an das Leben im und am Wasser angepasst.

Wasser – der Ursprung allen Lebens

Wasser ist der Ursprung allen Lebens, ohne Wasser gäbe es keine Pflanzen, keine Tiere und auch keine Menschen auf der Erde. Die ältesten Lebensräume auf der Erde sind die Meere. Dort haben sich die ersten Lebewesen entwickelt. Von den Meeren wanderten die Tiere in die Binnengewässer, also in Seen, Flüsse und andere Gewässer.

Teich, Weiher oder Bach?

Jedes Gewässer, ob Teich oder Weiher, Bach oder Fluss, hat seinen eigenen Charakter und ganz besondere Lebensbedingungen für Tiere und Pflanzen. Deshalb gibt es manche Tier- und Pflanzenarten nur an Gewässern mit schnell fließendem Wasser. Andere Tiere oder Pflanzen sind anpassungsfähiger und kommen an mehreren Gewässerarten vor.

FINNs  TIPP!

Ein Fernglas fürs Wasser – selbst gebaut

Tiere und Pflanzen unter Wasser lassen sich gut mit einem Fernglas fürs Wasser beobachten – und das zu bauen, ist gar nicht schwer! Du brauchst eine leere Blechdose, einen Dosenöffner, feste Frischhaltefolie und mehrere Gummibänder. Bitte einen Erwachsenen mit dem Dosenöffner Boden und Deckel der Dose zu entfernen. Falls nötig, klopf scharfe Kanten mit einem Hammer glatt. Zieh je ein Stück Folie über eine Öffnung und befestige es mit zwei Gummibändern. Achte darauf, dass die Folie fest sitzt, damit kein Wasser eindringt und du klare Sicht hast. Schon ist dein Wasserfernglas fertig!

Was brauchst du für die Entdeckungstour?

Checkliste für Tierforscher an Bach und Teich:

- kleiner Rucksack mit Trinkflasche und Verpflegung
- je nach Jahreszeit Gummistiefel oder wasserfeste Sandalen
- Drahtkescher und/oder Netzkescher
- Eimer mit Deckel
- selbst gebasteltes Wasserfernglas
- durchsichtige Becherlupe
- mehrere Plastikdosen und Plastikbeutel
- Pinsel
- Bestimmungsbücher
- Fernglas
- Notizbuch mit mehreren Stiften
- Fotoapparat
- Verbandsmaterial wie Pflaster und Desinfektionsmittel
- Trillerpfeife für den Notfall

FINNs TIPP!

Gut versteckt

Die meisten Wassertiere schwimmen nicht frei herum, das wäre viel zu gefährlich – zu leicht würden sie von größeren Tieren gefressen oder von der Strömung im Bach mitgerissen werden. Oft verstecken sie sich unter Steinen und Ästen im Uferbereich oder im Gewirr von Wasserpflanzen. Manche Tiere vergraben sich auch im Untergrund. Wenn du sie an diesen Orten suchst, ist deine Trefferquote besonders hoch!

Tipps fürs Keschern

Mit das wichtigste Gerät für deine Forschungen an Bach und Teich ist ein Kescher. Damit holst du kleine Tiere und Pflanzen aus dem Wasser und kannst sie dann untersuchen.

Bevor du mit dem Keschern anfängst, füllst du einen großen Eimer oder eine weiße Schale mit genügend Wasser aus dem Bach oder Teich. Denn ohne Wasser ersticken alle Wassertiere. Leg auch ein paar Steinchen und vielleicht eine Pflanze hinein. Jetzt stell dich ans Ufer oder im ufernahen Bereich ins Wasser und streif mit dem Kescher vorsichtig über den Gewässerboden. Such dir dafür eine Stelle, wo ein paar Pflanzen wachsen. Stülp dann den Kescher vorsichtig in den Eimer und spül die Tiere und Pflanzen ins Wasser. Stell den Eimer anschließend in den Schatten, denn Wassertiere mögen keine Hitze. Jetzt kannst Du gleich vor Ort mit Deinen Untersuchungen anfangen. Wenn Du fertig bist, gieß das Wasser gleich wieder aus ganz niedriger Höhe in den Bach oder Teich – ganz vorsichtig, damit du keine Tierchen verletzt.

Dauerhafte Funde

Manche Funde aus dem Wasser eines Bachs oder Teichs kannst du auch behalten und zu Hause aufheben. Dazu gehören leere Schneckenhäuser oder Muschelschalen, besonders geformte Holzstückchen und schöne Steine.

Die beste Zeit für deine Expedition

Rund ums Jahr kannst du Tiere am Bach oder Teich entdecken, je nach Jahreszeit wirst du verschiedene Beobachtungen machen. Vielleicht hast du ja Lust, ein Gewässer in deiner Nähe ein ganzes Jahr lang zu untersuchen und Tagebuch über deine Beobachtungen zu führen. Welche Tiere hast du nur im Winter gesehen? Was ist dir im Frühjahr aufgefallen? Zusätzlich zu deinen Notizen kannst du auch Fotos zu verschiedenen Jahreszeiten machen und auf diese Weise deinen persönlichen Bach- oder Teichkalender erstellen!

Im Frühjahr

Die meisten Tiere pflanzen sich am Ende des Winters oder im frühen Frühjahr fort. Das gilt auch für Amphibien wie etwa den Grasfrosch. Sobald das Eis zu tauen beginnt, verlässt er seinen Winter-Ruheplatz und wandert an Tümpel und Teiche, um dort seinen Laich abzulegen. Wasservögel wie Ente, Blässhuhn und Reiher paaren sich ebenfalls im Frühjahr und legen in dieser Zeit ihre Eier. Ihre Nester bauen sie im Schilf, in Sträuchern oder hoch oben in Bäumen.

FINNs TIPP!

Vorfahrt für den Frosch!

Während der Frühjahrswanderung der Amphibien sollten alle Autofahrer, aber auch Radfahrer, besonders vorsichtig sein, wenn sie in der Nähe von Teichen oder Tümpeln unterwegs sind. Denn Frösche und andere Amphibien überqueren schon einmal eine Straße – und die kennen unsere Vorfahrtsregeln nicht!

Im Sommer

Diese Jahreszeit ist besonders lohnend für deine Bach- und Teichexpedition: Jetzt kannst du nämlich oft Jungtiere mit ihren Eltern beobachten. Die niedlichen Entchen und grauen Jungschwäne oder die kleinen Frösche, die sich aus den Kaulquappen entwickelt haben. Eine Besonderheit sind die vielen winzigen Larven der Köcherfliegen, die fast ein Jahr lang im Gewässer leben, bis sie sich verpuppen.

Im Herbst

Viele Tiere beginnen jetzt mit ihren Vorbereitungen für den Winter: Die Bisamratte beginnt mit dem Bau ihrer Wohnburg, der Biber nagt Bäume an und lagert Äste als Nahrungsvorrat ein. In dieser Zeit kommen auch zahlreiche Zugvögel an die Gewässer, wo sie eine Ruhepause auf ihrem Weg in den Süden einlegen. Das Schilfrohr im Uferbereich wird für unzählige Stare, Schwalben und andere zur Schlafstätte, bevor sie weiterfliegen.

Im Winter

Auch in der kalten Jahreszeit gibt es Einiges zu entdecken an Bach und Teich: Nicht zu übersehen sind die Enten, die sich am liebsten im offenen Wasser bewegen, weil es dort wärmer als an Land ist. Der Grasfrosch überwintert in stehenden oder fließenden Gewässern. Er hält sich am Gewässergrund auf, kommt aber ab und zu zum Luftholen an die Oberfläche. Wenn die Wassertemperatur unter 4°C sinkt, schaltet sein Körper auf Ruhezustand um und er bewegt sich fast gar nicht mehr. Biber und Fischotter ziehen sich im Winter immer wieder in ihren Bau oder in ihre Höhle zurück, halten aber keinen Winterschlaf. Für den Fischotter ist es wichtig, dass das Gewässer nicht komplett zufriert. Nur so kann er genügend Fische, Krebse und andere kleine Tiere erbeuten. Der Biber lebt im Winter von Baumrinde oder der Rinde von Ästen.

Lebensraum Bach

Was sind Fließgewässer?

Bäche sind fließende Gewässer, auch Fließgewässer genannt. Andere Fließgewässer sind Flüsse und große Ströme. Typisch für alle fließenden Gewässer ist ihre Strömung, auf die sich alle dort lebenden Pflanzen und Tiere einstellen müssen. Man unterscheidet zwei Arten von Strömung: Bei der laminaren Strömung fließt das Wasser gleichmäßig und eher ruhig. Bei der turbulenten Strömung fließt es dagegen wild: mit vielen Wirbeln und Strudeln. In einem Bach kommen beide Strömungsarten nebeneinander vor.

SCHON GEWUSST?

Bach oder Fluss?

Die Grenze zwischen Bach und Fluss ist nicht eindeutig festgelegt: Manchmal spricht man ab einer Breite von fünf Metern von einem Fluss. Manchmal unterscheidet man auch nach der Temperatur: Wenn die Temperatur 15°C oder auch 20°C überschreitet, handelt es sich um einen Fluss, ist das Wasser kälter, ist es ein Bach.

Jeder Bach entsteht aus einer Quelle, wo Wasser aus der Erde sickert, quillt oder sprudelt. Das Quellwasser ist Regenwasser, das zuerst im Boden versickert, sich dort sammelt und dann wieder aus der Erde hervortritt. Auf der Erdoberfläche angekommen sucht sich das Quellwasser seinen Weg. Unterwegs nimmt es Rinnsale und weiteres Wasser aus dem Boden auf – so wird nach und nach aus einer kleinen Quelle ein richtiger Bach!

FINNs  TIPP!

Achtung Strömung!

Du möchtest an einem Gebirgsbach kleine Wassertiere beobachten oder mit dem Kescher einfangen? Such dir dafür unbedingt Wasserstellen aus, an denen die Strömung nicht zu stark ist. Und halte dich eher im flachen Wasser auf.

Ökosystem Bach

Ein Ökosystem ist ein begrenzter Lebensraum, in dem verschiedene Tiere und Pflanzen Lebensgemeinschaften bilden. Alle Tiere und Pflanzen sind von der Natur an die in ihrem Ökosystem jeweils herrschenden Lebensbedingungen angepasst. Auch ein Bach ist ein solches Ökosystem – und zwar ein ziemlich vielfältiges. Kaum zu glauben: Im Wasser und an den Ufern eines Baches leben rund 1 500 (!) verschiedene Tierarten! Dafür gibt es aber verhältnismäßig wenige Pflanzenarten, vor allem größere Pflanzen tun sich wegen der Strömung im Bach schwer.

Uferbereiche als Lebensraum

Das Ökosystem Bach endet nicht am Ufer, sondern steht in enger Verbindung mit dem umliegenden Land. Denn auch die Uferbereiche sind ein wichtiger Lebens- und Rückzugsraum für viele Pflanzen und Tiere.

SCHON GEWUSST?

Schnelle und langsame Bäche

Wie bei einem Auto kann man auch bei einem Bach messen, wie schnell er ist: Ein langsam fließender Bach legt in der Sekunde gerade mal 10 cm zurück, ein mittelschnell fließender immerhin 40 bis 50 cm und ein schneller Bach schafft sogar 1 m in der Sekunde!

Verschiedene Arten von Bächen

Ganz grob kann man zwei verschiedene Arten von Bächen unterscheiden: Bergbäche, die in gebirgigem Gelände liegen und Niederungsbäche, die durch eher flache Bereiche fließen. Bei den Bergbächen gibt es noch die Unterarten Gletscherbäche, Hochgebirgsbäche und Mittelgebirgsbäche.

Bergbäche

Gletscherbach

Dieser Bach entspringt am Zungenende eines Gletschers. Der größte Teil seines Wassers stammt aus dem Schmelzwasser des Gletschers. Deshalb schrumpft der Gletscherbach im Winter, während er im Hochsommer an Wasser zulegt. Das Wasser ist das ganze Jahr über eiskalt. Im Gletscherbach gibt es keine Wasserpflanzen, die einzige regelmäßige Bewohnerin ist die Larve der Gletscherzuckmücke.

Hochgebirgsbach

Weiter unten, wo das Gefälle geringer ist und die Strömung allmählich nachlässt, ist das Wasser klarer: Hier beginnt der Hochgebirgsbach. Seine Wasserführung ist ausgeglichener, auch die Temperatur ist nicht so extrem wie beim Gebirgsbach. Wassertiere, die hier überleben wollen, müssen sich flach machen, damit sie nicht mitgerissen werden. Typische Bewohner des Hochgebirgsbachs sind Strudelwürmer, die Larven der Hakenkäfer und der Eintagsfliegen.

Mittelgebirgsbach

Der Mittelgebirgsbach wird in den Oberlauf, Mittellauf und Unterlauf unterteilt. Der Oberlauf ist aus mehreren Quellabflüssen entstanden, hier wechseln sich stark strömende Teile mit fast stehenden Gewässerteilen ab. Der Mittellauf stellt einen Übergang zum Unterlauf dar, dessen Strömungsgeschwindigkeit ziemlich gleichmäßig ist.

Tieflandbach

Die Wasserführung beim Tieflandbach ist deutlich gleichmäßiger als beim Gebirgsbach. Strecken mit starker und schwacher Strömung folgen aufeinander. Auf dem Untergrund wechseln sich Kies- und Sandbänke, Schlamm und dichte Pflanzenbestände ab.

Von der Quelle bis zur Mündung

Der Verlauf jedes Baches lässt sich in vier Abschnitte einteilen: die Quelle, den Oberlauf, den Mittellauf und den Unterlauf.

Quelle: Das Wasser der Quelle ist kristallklar, seine Temperatur ist überall gleich. Oft findet man hier kantige Steine, an denen Moospolster und Algen wachsen.

Oberlauf: Im Oberlauf fließen mehrere Quellbäche zusammen und lassen den Bach breiter und reißender werden. Der Bach gräbt sich tiefer im Boden ein und bildet dabei kleine Kurven oder Schleifen, die nach und nach größer werden.

Mittellauf: Der Bach ist jetzt tiefer und breiter, im Mittellauf fließt das Wasser gleichmäßiger, Sand kann sich ablagern.

Unterlauf: Im Unterlauf fließt das Wasser noch langsamer, Erde setzt sich am Gewässerboden als Schlick und Sand ab. Am Ende des Unterlaufs fließt der Bach in einen Fluss oder einen See.

Lebensbereiche im Bach

In einem Bach lassen sich vier verschiedene Lebensbereiche unterscheiden, in denen jeweils nur ganz bestimmte Tierarten vorkommen, die bestens an die dort herrschenden Lebensverhältnisse angepasst sind:

Uferbereich: Hier halten sich gerne Amphibien auf, also Tiere, die sowohl im Wasser als auch zu Land leben können (z.B. Feuersalamander oder Fadenmolch).

Wasseroberfläche: Auf der Wasseroberfläche findest du zum Beispiel die munteren Wasserläufer, die sich von Insekten ernähren (Insekten, die auf das Wasser gefallen sind).

Freiwasser: Im Freiwasser, also dem Raum zwischen Oberfläche und Gewässerboden, leben die meisten Tierarten. Hier sind zum Beispiel größere Fische zu Hause, aber auch winzige Wassertierchen wie die Wasserflöhe.

Gewässerboden: Auch der Gewässerboden ist dicht besiedelt. Hier fühlen sich beispielsweise die Teichmuschel und die Köcherfliegenlarve wohl.

SCHON GEWUSST?

Gilt für alle Gewässerarten

Diese Einteilung in die vier verschiedenen Lebensbereiche trifft nicht nur für den Bach, sondern auch für alle anderen Gewässer, also auch Teiche, Seen und Tümpel, zu.

FINNs TIPP!

Teich gesucht

Wenn du nicht weißt, wo es in deiner Gegend einen Teich gibt, der öffentlich zugänglich ist, fragst du am besten beim Fischerei- oder Naturschutzverein in deinem Landkreis nach. Dort kann man dir sicher sagen, wo du einen oder mehrere Teiche findest, um die dort lebenden Tiere und Pflanzen zu beobachten.

Lebensraum Teich

Der Teich gehört zu den Stillgewässern: Im Gegensatz zu den Fließgewässern haben stehende Gewässer keine oder eine deutlich langsamere Strömung. Die wichtigsten Typen der stehenden Gewässer sind Teich, Weiher, See und Tümpel. Ein naher Verwandter der Stillgewässer sind Moore.

Ein Teich ist ein vom Menschen angelegtes, künstlich aufgestautes Gewässer. Bestimmt kennst du die kleinen Fischteiche, in denen bestimmte Fischarten gezüchtet werden. Oft findet man sie auf dem Land außerhalb von kleinen Orten. Beliebt sind auch dekorative Gartenteiche. Vielleicht habt ihr selbst einen kleinen Teich im Garten? Ein Teich kann also für einen bestimmten Zweck angelegt werden, er kann aber auch beim Aufstauen eines Baches entstehen. Das passiert, wenn ein Bach begradigt wird, also sein natürlicher Lauf verändert wird. Bei größeren Teichen reguliert oft ein Wehr den Wasserstand oder es gibt einen Zulauf und/oder einen Ablauf für das Teichwasser.

Typisch Teich

Teiche sind meist eher kleine und immer recht flache Gewässer. Deshalb erwärmt sich das Wasser in einem Teich auch rasch. Weil das Sonnenlicht wegen der geringen Tiefe überall bis auf den Grund eindringen kann, wachsen im Teich besonders viele Wasserpflanzen. Sicher hast du schon einmal einen Teich mit einem Teppich aus blühenden Seerosen gesehen! Oft erkennt man den Gewässerboden überhaupt nicht mehr, weil sich überall Algen und andere Wasserpflanzen breit gemacht haben. Ein weiteres wichtiges Merkmal von Teichen ist die fehlende Strömung: Teiche sind sogenannte stehende Gewässer oder Stillgewässer.

Teich, Weiher, Tümpel oder Moor?

Weiher

Weiher sind im Gegensatz zu Teichen natürlich entstanden. Manchmal bildet sich ein Weiher durch hoch stehendes Grundwasser, meist entwickelt er sich aber aus einem größeren See, der allmählich verlandet. Das kann zum Beispiel passieren, wenn sich Schilf oder andere Pflanzen so stark ausbreiten, dass neues Land im See entsteht oder der See durch Wassermangel an manchen Stellen austrocknet. Wie beim Teich ist auch beim Weiher die Wassertiefe so gering, dass das Sonnenlicht überall bis zum Boden vordringt. Dadurch bildet sich ein durchgehender Bewuchs mit Wasserpflanzen.

SCHON GEWUSST?

Was ist der Unterschied zwischen See und Weiher?

Ganz einfach, wirst du vielleicht sagen: Ein See ist größer als ein Weiher. Das ist zwar oft richtig, aber eben nicht immer. Tatsächlich unterscheidet nicht der Durchmesser, sondern die geringe Wassertiefe (höchstens 2 Meter) den Weiher vom See.

See

Es gibt natürliche Seen und solche, die der Mensch angelegt hat. Beispiele dafür sind Bagger- und Stauseen. Das typische Merkmal für alle Seen – egal, ob natürlich oder künstlich – ist ihre Tiefe. Sobald ein stehendes Gewässer so tief ist, dass in seiner Mitte das Sonnenlicht nicht mehr bis zum Boden vordringt, spricht man von einem See. Das passiert ab einer Tiefe von etwa 4 bis 5 Metern. Durch das fehlende Sonnenlicht wachsen dort keine Pflanzen mehr. Typisch für einen See ist außerdem, dass die Wassertemperatur relativ stabil ist.

Tümpel

Tümpel sind meist kleine Stillgewässer, die oft nur wenige Zentimeter tief sind. Typisch für einen Tümpel ist, dass er nicht ständig Wasser führt, sondern nur eine bestimmte Zeit im Jahr. In der restlichen Zeit ist vom Tümpel nicht mehr zu sehen als eine angetrocknete, von Rissen durchzogene Schlammfläche.

> **SCHON GEWUSST?**
>
> **Wie entstehen Tümpel?**
>
> Tümpel können auf verschiedene Weise entstehen: im Frühjahr durch Schmelzwasser aus Schnee und Eis, im Sommer und Herbst durch anhaltende Regenfälle oder heftige Gewitter.

Moore

Moore nennt man Gebiete, die immer sehr nass sind. Sie sind aber eigentlich keine Stillgewässer, weil das Wasser dort nicht durchgängig an der Oberfläche steht. Moore bilden sich in Gegenden, in denen es sehr oft regnet und die Luftfeuchtigkeit besonders hoch ist. Sie können durch die Verlandung von Gewässern oder durch sehr hohen Grundwasserstand entstehen. Moore findet man vor allem in Norddeutschland und im bayerischen Voralpenland. Sie gehören zu den besonders gefährdeten Lebensräumen, weil sie lange Zeit (und in manchen Gegenden auch heute noch) trocken gelegt wurden, um den im Moor entstanden Torf abzubauen. Torf wurde früher zum Beispiel als Heizmaterial verwendet. Je nach ihrer Tiefe unterscheidet man Flach- und Hochmoore.

Lebensbereiche im Teich

In einem Teich findest du sehr viele verschiedene Tierarten. Sie teilen sich auch hier, wie beim Bach und anderen Gewässern, in vier Lebensbereiche:

1. **Uferbereich**
2. **Wasseroberfläche**
3. **Freiwasser**
4. **Gewässerboden**

In jedem dieser vier Lebensbereiche findet man nur bestimmte Tierarten. Sie sind ideal an die dort herrschenden Lebensverhältnisse angepasst.

Auch die zahlreichen Pflanzen, die an und im Teich wachsen, suchen sich unterschiedliche Bereiche. Man kann sie in folgende Zonen einteilen:

Uferzone: In der Uferzone steht das Grundwasser sehr hoch, der Boden enthält nur wenig Sauerstoff und Mineralstoffe.

Sumpfzone: Die Sumpfzone liegt zwischen Uferzone und Flachwasserzone, die Wassertiefe liegt bei etwa 30 cm, kann aber schwanken.

Flachwasserzone: Die Flachwasserzone zwischen Sumpf- und Tiefwasserzone erstreckt sich bis zu einer Wassertiefe von 40 cm. Wind und Wellen sind stärker.

Tiefwasserzone: Die Tiefwasserzone liegt in der Mitte des Teiches und ist mindestens 1 m tief. Die Sonnenstrahlen erreichen den Grund des Teiches nur noch selten, hier wachsen nur noch wenige Pflanzen.

SCHON GEWUSST?

Tiere brauchen Pflanzen

Kein Tier könnte ohne Pflanzen leben. Denn Pflanzen bauen mit Hilfe der Sonne aus Kohlendioxid, Nährstoffen und Wasser organisches Material, also Blätter, Äste und Holz, auf. Sie versorgen die Tiere mit lebensnotwendigem Sauerstoff. Für viele Tiere sind Pflanzen auch Futter. Doch auch Fleischfresser suchen Pflanzen, weil sie auf ihnen Insekten, Krebstiere und Weichtiere finden.

Tiere an und in Bach und Teich

Große Artenvielfalt

Wir können in diesem Buch nicht alle Tierarten beschreiben, die in einem Bach oder Teich leben, sonst müsste es mindestens doppelt so dick sein! Deshalb haben wir uns die Tierarten ausgesucht, die besonders häufig sind und die du bei deiner Natur-Expedition am leichtesten antriffst. Wichtig war uns außerdem, dass in diesem Buch alle wichtigen Tiergruppen vertreten sind: Säugetiere, Amphibien, Vögel, Fische, Krebstiere, Weichtiere sowie Insekten und andere kleine Tiere. Und nun viel Spaß beim Beobachten!

SCHON GEWUSST?

Schwimmer oder Schweber?

In einem Bach können sich wegen der dort herrschenden Strömung nur solche Tiere im freien Wasser halten, die selbst aktiv schwimmen, also zum Beispiel Fische. Anders im Teich: Weil hier das Wasser steht und es keine Strömung gibt, können sich hier auch Kleinstlebewesen aufhalten, die nicht aktiv schwimmen, sondern nur im Wasser schweben.

FINNs TIPP!

Keschern immer bachaufwärts

Wenn du mit dem Kescher Tiere oder Pflanzen im Bach einfängst, tu das immer bachaufwärts. Dann kann es dir nicht passieren, dass du losgelöste Tier- oder Pflanzenteilchen weiter unten an Stellen findest, in denen sie eigentlich gar nicht vorkommen. Die Fließrichtung eines Baches kannst du leicht feststellen: Hinter einem Stein, der aus dem Wasser schaut, kräuselt sich das Wasser in V-Form. Das „V“ öffnet sich bachabwärts, also in die Richtung, in die der Bach fließt.

Fischotter

Auf einen Blick

Tierart: Säugetier
Größe: 62–85 cm, ohne Schwanz
Gewicht: 7–12 kg
Farbe: dunkelbraun, hellbrauner Hals
Besonderheit: Füße mit Schwimmhäuten
Nachwuchs: 1–3 Junge
Lebensraum: saubere, fischreiche Bäche und Flüsse
Nahrung: Fische, Flusskrebse, Bisamratten, Frösche, Wasservögel
Feinde: Wolf, Luchs, Seeadler, lange Zeit auch der Mensch

Lebensraum Wasser und Land

Der Fischotter gehört zur Familie der Marder, er lebt sowohl im Wasser als auch auf dem Land. Dank der Schwimmhäute an seinen Füßen kann er sehr gut schwimmen und tauchen. Dabei dient ihm sein langer Schwanz als Steuer und als Gleichgewichtsorgan. Das dichte Fell schützt ihn ausgezeichnet gegen Kälte: der Fischotter hat auf einem Quadratzentimeter 50 000 Haare, ein Mensch dagegen nur 120-300! Der Fischotter jagt vor allem in der Dämmerung und nachts. Außerhalb der Paarungszeit von Februar bis März lebt er als Einzelgänger. Seine Wohnhöhle gräbt er in die Uferböschung, der Eingang befindet sich unter Wasser. So ist er vor Feinden sicher.

Geschickte Überlebensstrategie

Ursprünglich ging der Fischotter tagsüber auf die Jagd. Weil er jedoch früher massiv vom Menschen gejagt wurde, änderte er im Laufe der Zeit sein Verhalten: Aus dem tagaktiven wurde ein nachtaktives Tier. Ganz schön raffiniert, oder? So war er besser vor den Jägern geschützt, die ihm wegen seines wertvollen Fells nachstellten. Zwar darf der Fischotter heutzutage in Deutschland nicht mehr verfolgt werden, doch ist sein Bestand dennoch stark gefährdet! Zum einen durch die zunehmende Verschmutzung der Gewässer: der Fischotter fühlt sich nur in sauberem Wasser so richtig wohl. Und zum anderen, weil immer mehr Uferbereiche vom Menschen umgebaut werden und der Fischotter dadurch keine ruhigen Verstecke mehr findet, um seine Höhle zu bauen.

SCHON GEWUSST?

Großes Jagdgebiet

Ein ausgewachsener Fischotter braucht etwa 500 bis 1 000 g Nahrung am Tag. Das ist ein Zehntel seines Gewichts – also soviel, als ob du täglich drei bis sechs Kilo essen würdest. Nur wenn er sehr hungrig ist, frisst der Otter seine Beute im Wasser, normalerweise geht er dafür ans Ufer. Ein Fischotter hat ein riesiges Jagdgebiet. Das Revier eines Männchens umfasst etwa 30-40 Kilometer und in einer Nacht legt es bis zu 15 km zurück.

FINNs TIPP!

Naturschutzgebiete und Nationalparks

In der freien Natur sind Fischotter leider recht selten geworden. Die besten Chancen, diese munteren Tiere zu beobachten, hast du daher in Naturschutzgebieten oder Nationalparks. Dort haben die Gewässer die Wasserqualität, die der Fischotter zum Leben braucht. Damit der Otter in Ruhe leben und seine Höhlen bauen kann, darfst du in solchen Schutzgebieten die Wege aber nicht verlassen.

Biber

Zweitgrößtes Nagetier

Nach dem südamerikanischen Wasserschwein ist der Biber das zweitgrößte Nagetier der Welt. Früher war er weit verbreitet, er lebte auch in Wäldern, in der Tundra und sogar in Halbwüsten. Heute ist der Biber nur noch an Bächen und Flüssen zu Hause. Sein Körper ist optimal an das Leben im Wasser angepasst: Das Fell ist sehr dicht, vor allem an der Körperunterseite, und wasserundurchlässig, was ihn gut gegen Unterkühlung schützt. Der Körper des Bibers ist kompakt, mit kurzen Beinen und einem flachen, schweren Schwanz. An den Hinterfüßen befinden sich Schwimmhäute. Im Wasser ist der Biber sehr beweglich und schnell, an Land bewegt er sich dagegen unbeholfen und plump.

Auf einen Blick

Tierart: Säugetier
Größe: 73–130 cm, ohne Schwanz
Gewicht: 30–35 kg
Farbe: braun
Besonderheit: stark ausgeprägte Nagezähne
Nachwuchs: 3–5 Junge
Lebensraum: tiefe, langsam fließende oder stehende Gewässer, bevorzugt umgeben von Auwäldern (Weiden, Pappeln, Espen, Birken, Erlen)
Nahrung: reine Pflanzenfresser: Biber fressen fast alles, was sie im und Wasser vorfinden
Feinde: Bären, Wölfe, lange Zeit auch der Mensch

Exzellenter Taucher

Beim Tauchen presst der Biber seine Vorderbeine an den Körper und stößt mit kräftigen Ruderbewegungen der Hinterbeine den Körper nach vorne. Der Schwanz bleibt dabei ruhig, Nase und Ohren werden geschlossen. Im Winter kann der Biber sogar unter dem Eis tauchen: Dafür nagt er ein Loch in seinen Biberdamm, um etwas Wasser abzulassen. So entsteht eine Luftschicht unter dem Eis.

SCHON GEWUSST?

Familientier Biber

Anders als viele andere Tierarten lebt der Biber das ganze Jahr über als Familie zusammen. Eine Biberfamilie besteht meist aus einem erwachsenem Pärchen und seinen Jungen. Die Jungen bleiben bei den Eltern, bis sie 2 Jahre alt sind. Dann gründen sie eine eigene Familie, auch „Kolonie" genannt.

FINNs TIPP!

Spuren des Bibers

Auf deiner Expedition am Bach triffst du mit etwas Glück Spuren eines Bibers an: einen abgenagten Baumstamm oder du entdeckst am Ufer Hinweise auf eine Biberburg. Mehr darüber steht auf Seite 82 und 83.

Bisamratte

Auf einen Blick

Tierart: Säugetier
Größe: bis 40 cm, ohne Schwanz
Gewicht: 0,5–2 kg
Farbe: dunkelbraun, Unterseite etwas heller
Besonderheit: Bisamratten sind Nagetiere
Nachwuchs: 5–9 Junge
Lebensraum: pflanzenreiche Teiche und andere Gewässer
Nahrung: Schilf, Rohrkolben, Binsen, Seerosen und andere Wasserpflanzen, selten Muscheln, Krebse
Feinde: Fuchs, Uhu, Fischotter

SCHON GEWUSST?

Aus Nordamerika eingebürgert

Die Bisamratte war ursprünglich nicht in Europa heimisch, sie ist vielmehr wegen ihres wertvollen Fells aus Nordamerika eingebürgert worden. Im Jahr 1905 brachte ein gewisser Fürst Colloredo Mansfeld von seiner Jagdreise aus Alaska mehrere Bisamratten mit, drei Weibchen und zwei Männchen. Er setzte die Tiere auf seinem Gut südwestlich von Prag aus, um sie zu züchten. Doch einige Tiere entkamen und breiteten sich in der Folgezeit schnell in Tschechien aus. Mittlerweile leben Bisamratten in großen Teilen von Europa.

Schwimmt und taucht gut

Die Bisamratte kann sich im Wasser sehr gut fortbewegen – schwimmend oder tauchend. Dabei helfen ihr die Schwimmborsten, die sie an den kräftigen Hinterbeinen zwischen den Zehen hat. Außerdem benutzt sie ihren bis zu 20 cm langen, seitlich etwas zusammengedrückten Schwanz als Seitenruder und schlägt ihn beim Schwimmen hin und her. Das etwa kaninchengroße Tier kann bis zu zehn Minuten tauchen – Zeit genug, um genüsslich die Stängel einer Wasserpflanze zu verzehren. Damit die Bisamratte auch in kaltem Wasser nicht friert, hat sie ein dichtes, wasserabweisendes Fell.

SCHON GEWUSST?

Feste Partnerschaften

Die Bisamratte ist ein treues Tier: Sie lebt mit einem festen Partner und ihrer Familie oder einem größeren Rudel an einem festen Ort.

Ratte oder Maus?

Anders als ihr Name vermuten lässt, ist die Bisamratte keine Ratte, sondern gehört zur Familie der Wühlmäuse. Allerdings ist ihr Schwanz viel kräftiger als bei anderen Wühlmäusen. Die Bisamratte ist die größte Wühlmausart.

Wasserfledermaus

Auf einen Blick

Tierart: Säugetier
Größe: 4–5 cm
Farbe: Oberseite braungrau, Unterseite heller
Besonderheit: auffallend große Füße
Nachwuchs: 1, selten 2 Jungtiere
Lebensraum: wasserreiche, naturnahe Gebiete
Nahrung: Zuckmücken und andere Fluginsekten
Feinde: Eule, Krähe, Falke

Raffinierter Jäger

Die Wasserfledermaus frisst am liebsten kleinere Insekten, die auf der Wasseroberfläche sitzen, zum Beispiel Zuckmücken. Um sie zu jagen, hat sie eine spezielle Technik: Sie fliegt regelmäßig möglichst flach über der Wasseroberfläche eine feste Route ab, in einer Höhe von 10 bis 30 cm. Ihre Beutetiere holt sie entweder direkt mit dem Maul oder sie keschert sie mit ihren Flügeln oder ihrer Schwanzflughaut aus dem Wasser in ihr Maul. Gerne nimmt sie auch ins Wasser gefallene und auf der Wasseroberfläche treibende Insekten.

Der typische Sommertag einer Wasserfledermaus

ca. 4 Uhr morgens: Bei Tagesanbruch zieht sich die Wasserfledermaus in ihre sichere Baumhöhle zurück, um den Tag dort zu verschlafen. Gerne benutzt sie dafür eine leere Spechthöhle.

ca. 21 Uhr: Mit einsetzender Dämmerung beginnt der Tag der Wasserfledermaus. Sie verlässt ihren Schlafplatz, die Baumhöhle, und fliegt zu ihrem Jagdgewässer. Dort beginnt sie sofort mit der Jagd auf Wasserinsekten.

ca. 24 Uhr: Bis jetzt sollte die Wasserfledermaus etwa 1 000 Insekten gefangen haben, damit sie am Ende der Nacht gesättigt ist und in ihre Baumhöhle zurückkehren kann.

Bildquelle: Pröhl, fokus-natur.de

FINNs  TIPP!

Mit der Taschenlampe unterwegs

Über Teichen und Seen kannst du sehr häufig Wasserfledermäuse bei der Jagd beobachten. In der Dämmerung siehst du die Tiere noch mit dem Restlicht des Tages dicht über dem Wasser fliegen. Wenn es dunkler wird, brauchst du eine starke Taschenlampe, um die spannenden Flugtiere aufzuspüren. Am besten hockst du dich dafür ans Ufer und hältst die Taschenlampe knapp über dem Wasser. Dann leuchtest du ruhig auf die Wasserfläche hinaus, bis eine Wasserfledermaus in den Lichtkegel fliegt. Jetzt folgst du ihr mit dem Lichtkegel und beobachtest sie beim Jagen. Da Fledermäuse kein helles Licht mögen, solltest du sie allerdings nicht länger als eine Minute anleuchten.

Wochenstuben für Mutter und Junge

Die Paarungszeit der Fledermaus ist im Herbst, bevor sie sich zum Winterschlaf zurückzieht. Die Jungen kommen aber erst im Frühsommer zur Welt. Vor der Geburt tun sich viele Fledermausweibchen in sogenannten Wochenstuben zusammen und suchen gemeinsam einen sicheren Ort für sich und den Nachwuchs. Sobald die blinden und nackten Jungen geboren sind, wechseln sich die Weibchen bei der Jagd und der Betreuung ab. In den ersten Wochen ernähren sich die Jungen von Muttermilch, mit vier bis sechs Wochen lernen sie fliegen und mit etwa acht Wochen sind sie selbstständig.

Kaulquappe

Auf einen Blick

Tierart: Amphibien-Larven
Größe: je nach Art 2–10 cm
Farbe: je nach Art Oberseite dunkel, manchmal mit heller Unterseite
Lebensraum: Teiche, Tümpel
Vorkommen: Mai, Juni bis September
Nahrung: Algen, später auch Wasserpflanzen, wässrige Früchte
Feinde: Gelbrandkäfer, Molche, Libellenlarve, Ringelnatter, Fische und Vögel

Vom Ei zur Kaulquappe

Bei allen Fröschen, Unken und Kröten entwickeln sich aus den Eiern zuerst winzige Kaulquappen und zwei, drei Monate später dann junge, fertige Tiere. Diese Entwicklung nennt man Metamorphose. Sie beginnt mit den Eiern, die nach erfolgter Paarung und Befruchtung als Laich im Wasser abgelegt werden. Bereits wenige Stunden später fangen die einzelnen Eier an, sich zu teilen – zuerst einmal, dann immer öfter. In jedem dieser winzigen Eier entwickelt sich jetzt nach und nach eine weiche und glitschige Kaulquappe. Nach etwa zehn Tagen wird es der Kaulquappe dann zu eng, sie schlüpft aus ihrer Eihülle. In den nächsten Wochen entwickelt sie sich zu einem fertigen jungen Frosch, einer Unke oder Kröte. Doch nur sehr wenige Tierchen überleben diese erste Zeit: Die meisten Kaulquappen werden vorher gefressen, sterben durch Pilze oder erfrieren!

SCHON GEWUSST?

Warmes Wetter bevorzugt

Die Entwicklungszeit von der Kaulquappe zum landlebenden Tier hängt extrem vom Wetter und von der Wassertemperatur ab: je kälter es ist, desto länger dauert diese Metamorphose. Manchmal überwintern einzelne Kaulquappen im Wasser und verwandeln sich erst im folgenden Frühjahr in Frösche, Unken oder Kröten.

Umstellung von Wasser- auf Luftatmung

Während ihrer Metamorphose stellt sich ihr Körper von Wasser- auf Luftatmung um. Anfangs haben die Kaulquappen Kiemen wie Fische, später wachsen ihnen Lungen. Zusätzlich nehmen sie Sauerstoff über ihre schleimig-feuchte Haut auf, der dann direkt ins Blut geht. Das funktioniert aber nur, wenn ihre Haut feucht ist. Deshalb suchen Frösche auch außerhalb des Wassers immer wieder feuchte Stellen auf.

FINNs TIPP!

Vom Laich zum Frosch

Du möchtest erleben, wie aus Froschlaich eine Kaulquappe und nach und nach ein kleiner Frosch wird? Dann hole dir als Erstes eine Genehmigung bei der zuständigen Landschaftsbehörde ein, dass du Froschlaich aus einem Gewässer entnehmen darfst. Danach füllst du ein möglichst großes Glas etwa 10 cm hoch mit Wasser aus dem Gewässer. Zusätzlich gibst du kleine Wasserpflanzen, Blätter, Äste und Steine hinein. Ein paar Steine sollten über die Wasseroberfläche hinausragen, damit die kleinen Frösche später daran aus dem Wasser klettern können. Jetzt kannst du etwas Froschlaich aus dem Gewässer entnehmen und vorsichtig in dein Aquarium füllen. Verschließ es mit einem Deckel (denke an ein paar Luftlöcher!) oder mit einem Moskitonetz. Jetzt brauchst du Geduld: Nach etwa zehn Tagen schlüpfen die kleinen Larven aus den Eiern. Ein paar Wochen später wachsen den Kaulquappen die ersten Beinchen und nach und nach entwickeln sie sich zu kleinen Fröschen. Die Jungfrösche bringst du wieder zurück in das Gewässer, aus dem du das Wasser entnommen hast.

Grasfrosch

Auf einen Blick

Tierart: Amphibien
Größe: 10–11 cm
Farbe: gelblich-braun gefärbt, oft mit dunklen Flecken
Laichablage: 2 000–10 000 Eier
Besonderheit: Zum Laichen kehrt der Grasfrosch wieder an das Gewässer zurück, wo er geboren wurde
Lebensraum: feuchte Wälder, Waldränder
Nahrung: Würmer, Schnecken, Gliederfüßer
Feinde: Fuchs, Igel, Marder, Ringelnatter

Gemeinsam zum Laichen

Jedes Jahr im Frühjahr wandert der Grasfrosch zum gleichen Bach, Teich oder Weiher, um sich dort zu paaren und danach seinen Laich abzulegen. Dort trifft er oft auf mehrere hundert andere Grasfrösche, die alle das gleiche Ziel haben: ein Weibchen zur Paarung. Sobald sich ein Pärchen gefunden hat, sucht das Weibchen einen möglichst sonnigen Platz zum Ablegen der Eier, was man auch Ablaichen nennt. Die Eier werden anschließend vom Männchen befruchtet, danach kümmern sich die beiden nicht mehr darum. Stell dir vor: Das Ausbrüten der Eier übernimmt weder Weibchen noch Männchen, sondern die Sonne!

SCHON GEWUSST?

Froscheier lieben Gesellschaft

Frösche legen ihre Eier normalerweise zwischen Ende April und Mitte Juni ab. In dieser Zeit hast du gute Chancen, sie an einem sonnigen Platz im Teich oder Weiher zu entdecken.
Die Eier selbst sind zwar winzig-klein, aber du brauchst dennoch keine Lupe: Denn sie werden nicht einzeln an eine Wasserpflanze geheftet, sondern bilden einen größeren Klumpen, den Laichballen. Und ein solcher Laichballen besteht aus rund 500 Eiern!

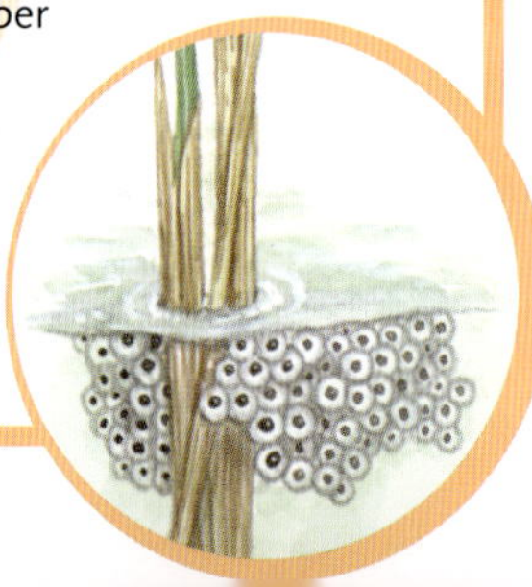

FINNs TIPP!

Eier wie Perlen

Woran du Froscheier erkennst? Ganz einfach: Halte Ausschau nach kleinen, durchsichtigen Eiern mit einem schwarzen Punkt in der Mitte. Die Eier sind von einer durchsichtigen, geleeartigen Masse umgeben, die sie zusammenhält und verhindert, dass sie austrocknen.

Nach dem Laichen ins Winterlager

Nach dem Laichen legen die Grasfrösche erst einmal eine Pause ein. Die Weibchen verlassen meist bald danach das Gewässer, die Männchen warten noch ein paar Tage auf ein anderes Weibchen. Dann suchen sie sich ebenfalls ein feuchtes Versteck im Gebüsch, unter einem Holz- oder Laubhaufen, wo sie den Winter über bleiben.

Unterwegs ins Sommergebiet

Etwa ab Ende April verlassen die Grasfrösche dann ihre winterliche Ruhestätte und machen sich auf den Weg in ihr Sommergebiet. Dort ruhen sie sich tagsüber normalerweise aus, mit Anbruch der Dämmerung oder bei regnerischem Wetter gehen sie auf die Jagd nach Käfern, Würmern und Spinnen.

Gefährliche Wanderung

Das Laichgewässer, der Winterunterschlupf und Sommerlebensraum des Grasfrosches liegen oft recht weit auseinander, manchmal sogar einige Kilometer. Auf ihrem Weg müssen die Frösche nicht selten verkehrsreiche Straßen überqueren. Deshalb hat man vielerorts an kritischen Straßenabschnitten Froschzäune aufgestellt. Zahlreiche Freiwillige tragen die Frösche jedes Frühjahr sicher über die Straße. Das Ganze wiederholt sich dann im Spätsommer, wenn die Jungfrösche ihren Geburtsort verlassen.

SCHON GEWUSST?

Flinke Frösche

Grasfrösche können bis zu 1 m weit springen! Auch im Wasser sind sie ziemlich flott, weil sie sich mit kräftigen Stößen ihrer Hinterbeine fortbewegen.

Erdkröte

Unsere häufigste Amphibie

Die weit verbreitete Erdkröte kann unterschiedlich gefärbt sein, von braun über oliv, manchmal auch orange. Immer ist jedoch die Haut von vielen Warzen bedeckt. Hinter den Augen hat die Erdkröte große Drüsenwülste, aus denen sie ein spezielles Sekret absondert, das beim Angreifer Rückenmark und Gehirn lähmen und seinen Blutdruck erhöhen kann. So schützt sich die Erdkröte vor natürlichen Feinden. Ihre Hinterbeine sind relativ kurz. Das kleinere Männchen hat kräftigere Vorderbeine und einen flacheren Kopf als das Weibchen. Die Kröte läuft lieber als dass sie hüpft, bei Gefahr bewegt sie sich aber auch mit kurzen Sprüngen vorwärts.

Auf einen Blick

Tierart: Amphibien
Größe: 9–11 cm
Farbe: Oberseite braun bis oliv, mit Warzen bedeckt, Unterseite grau, dunkel gefleckt
Fortpflanzung: Laich wird nachts im Wasser abgelegt, bis zu 5m lange Laichschnüre
Besonderheit: Die Erdkröte kann ihre Farbe im Laufe des Jahres wechseln: Dies hängt vom Wasseraufenthalt, Häutungszyklus und der Jahreszeit ab.
Lebensraum: Wälder, Wiesen
Nahrung: Würmer, Schnecken, Asseln, Spinnen
Feinde: Marder, Katzen, Waschbären, Schlangen, Greif- und Rabenvögel, Graureiher

SCHON GEWUSST?

Ungiftig für Menschen

Keine Sorge, wenn du eine Erdkröte anfasst, bekommst du keine Warzen! Für uns Menschen ist auch ihr Sekret ungefährlich. Wichtig ist aber, dass du dir danach die Hände wäschst, weil es sonst zu unangenehmem Jucken kommen kann.

Fadenmolch

Auf einen Blick

Tierart: Amphibien
Größe: 8,5–8,5 cm
Farbe: braungelb mit dunklen Tupfen und hellem Bauch
Besonderheit: in der Paarungszeit bekommt das Männchen orangegelbe Streifen am Bauch sowie ein stumpfes Schwanzende mit ausgeprägtem Faden (deshalb heißt er Fadenmolch!)
Fortpflanzung: 200–300 Eier
Lebensraum: schattiger Laubwald, dort kühle Gewässer (langsame Fließgewässer, Teiche)
Nahrung: Würmer, Gliederfüßer, Larven und Laich von Lurchen
Feinde: Forellen, räuberische Wasserinsekten, Wasservögel

Wasser- und Landtracht

Der Fadenmolch ist die kleinste bei uns einheimische Molchart. Mit seiner braungelben Färbung ist er recht unauffällig und wird daher an Land leicht übersehen. Anders in der Paarungszeit: Dann sucht er sich ein kühles, schattiges Gewässer, in dem er die nächste Zeit bleibt. Jetzt legt das Männchen seine sogenannte „Wassertracht“ an. Sein Schwanz bekommt dunkle Flecken, sein Bauch farbige Streifen und das Schwanzende einen Faden. So lockt es das Weibchen zur Paarung an. Nach der Laichablage kehrt der Wassermolch an Land zurück. Dort ruht er sich tagsüber unter Laub, Steinen oder Baumstümpfen aus und geht mit Anbruch der Dämmerung auf die Jagd nach Insekten, Würmern und anderen kleinen Tieren.

Laich des Fadenmolchs

Zwischen Ende März und Anfang Juni legt das Weibchen seine 200-300 Eier, den Laich, einzeln an Blättern von Unterwasserpflanzen ab. Die bis zu 1,8 mm großen Eier sind oben hell- bis beigebraun, unten heller.

SCHON GEWUSST?

Typisch Molch!

Typisch für Molche ist, dass sie zur Fortpflanzungszeit längere Zeit im Wasser leben, wo dann auch ihre Larven bleiben. In dieser Zeit verändert sich ihr Körper, auch ihre Haut und Riechorgane passen sich an das Leben im Wasser an. Die restliche Zeit des Jahres verbringen sie an Land.

Feuersalamander

Alarm – gefährliches Gift!

Der Feuersalamander ist der bekannteste Salamander in Europa. Er hat einen eher plumpen Körper mit einem breiten Kopf und einem recht kurzen Schwanz. Durch seine auffällige gelbe Musterung ist der Salamander kaum zu übersehen. Sie signalisiert seinen Feinden: Lasst mich bloß in Ruhe, ich bin gefährlich! Wird er angegriffen, spritzt er aus seinen Giftdrüsen am Rücken und hinter den Ohren ein gefährliches Gift heraus, das Maul und Augen des Angreifers reizt und für kleine Säugetiere sogar tödlich sein kann.

Auf einen Blick

Tierart: Amphibien
Größe: 14–20 cm
Farbe: schwarz glänzend, mit auffällig gelben Flecken oder Streifen
Besonderheit: Giftdrüsen am Rücken und hinter den Ohren
Fortpflanzung: Paarung an Land, Weibchen legen Larven im Wasser ab
Lebensraum: feuchte Laub- und Mischwälder mit Quellbächen
Nahrung der erwachsenen Tiere: Insekten, Spinnen, Tausendfüßler, Asseln, auch Würmer, Käfer, Schnecken
Nahrung der Salamander-Larven: Insektenlarven im Wasser
Feinde: Fuchs, Hund, Wildschwein

Nachts wird der Salamander munter

Der ideale Lebensraum des Feuersalamanders sind von Quellbächen durchzogene Misch- und Laubwälder. Er braucht eine gewisse Feuchtigkeit in seiner Umgebung, damit seine Haut nicht austrocknet. Tagsüber versteckt er sich am liebsten unter Steinen, in einem Laubhaufen am Boden oder in einer Erdhöhle. Am Abend wird das nachtaktive Tier munter und geht auf die Jagd nach Regenwürmern, Schnecken, Insekten und Käfern.

SCHON GEWUSST?

Gemütlicher Platz für den Winter

Wenn es bei uns kälter wird, so ab Ende Oktober, sucht sich der Feuersalamander einen geschützten Platz zum Überwintern. Dies kann im dichten Herbstlaub, in Ritzen von Mauern, unter Steinen oder Wurzeln sein.

Das Feuersalamander-Jahr

Geburt im Wasser

Zur Paarung nimmt ein Männchen ein Weibchen „Huckepack" und setzt nach dem Paarungsspiel sein Samenpaket auf dem Boden ab. Dort wird es vom Weibchen aufgenommen. Im Mutterleib entwickeln sich in den folgenden Monaten 10-35 Larven. Um sie zu gebären, wandert das Weibchen zu einem Gewässer, am liebsten einem kühlen, sauberen und sauerstoffreichen Quellbach. Dort setzt das Weibchen die Larven ab, die sich von Bachflohkrebsen und Insektenlarven ernähren. Bis zum Sommerende entwickeln sie sich zum fertigen Salamander.

FINNs TIPP!

Feuersalamander lieben Regen

Nach einer langen Trockenperiode sind Feuersalamander manchmal auch tagsüber unterwegs – aber nur, wenn es gerade regnet. Vor allem im Herbst, im Oktober und November, kannst du die gelb gemusterten Tiere dann im Wald oder am Waldrand antreffen. Willst du die Weibchen bei der Larvenablage am Bach beobachten, solltest du dich zwischen April und Mai auf den Weg machen (siehe Feuersalamander-Jahr).

Wasseramsel

Auf einen Blick

Tierart: Vögel
Größe: 18 cm
Farbe: Oberseite schwarz-braun, Kehle und Brust weiß
Fortpflanzung: 1- bis 2-mal im Jahr, je 4–6 Eier
Besonderheit: Die Wasseramsel hat wie die Ente eine Bürzeldrüse, die ein Sekret absondert, das das Gefieder wasserabweisend macht.
Lebensraum: schnell fließende saubere Bäche und Flüsse mit seichten Stellen und Steinen im Wasser
Nahrung: Larven von Wasserinsekten, kleine Krebstiere, kleine Fische
Feinde: Katzen, Ratten, Wiesel

Anpassung an das Leben im Wasser

Du erkennst die Wasseramsel an ihrem rundlichen Körper mit weißer Kehle und Brust, kurzem Schwanz und kurzen Flügeln. Oft sieht man diesen Vogel über einem Bach fliegen, wenig später landet er auf einem Stein im Wasser, stellt seinen Schwanz auf, knickst mit den Beinen und wippt mit dem Körper auf und ab. Sobald die Wasseramsel ein Beutetier ausgemacht hat, springt sie kopfüber ins Wasser und verfolgt es schwimmend oder sogar auf dem Grund laufend.

SCHON GEWUSST?

Standvogel oder Zugvogel?

Die Wasseramsel ist ein Standvogel, sie bleibt auch im Winter bei uns. Friert das Gewässer, in dem sie lebt, in dieser Zeit zu, weicht sie einfach auf ein anderes, eisfreies Gewässer aus!

FINNs TIPP!

Kugeliges Nest

Die Wasseramsel baut ihr Nest gerne in Hohlräumen unter Brücken, unter Wurzeln, Baumstämmen oder in Mauerlöchern. Du erkennst es leicht daran, dass es kugelig, recht groß und außen mit Moos umhüllt ist. Die ersten Nester mit ihren weißen Eiern lassen sich ab Februar oder März entdecken. Achte aber darauf, dass Du die Wasseramsel nicht beim Brüten störst.

Bachstelze

Lebhafter Vogel

Die schlanke Bachstelze ist meist in Bewegung, in ausdauerndem, trippelndem Lauf oder in der Luft. Auffällig ist ihr wellenförmiger Flug: Nach mehreren schnellen Flügelschlägen lässt sich dieser Vogel mit angelegten Flügeln ein Stück nach unten fallen, um danach wieder flatternd an Höhe zu gewinnen. Die Bachstelze ist ein Zugvogel, im Herbst zieht sie Richtung Süden in den Mittelmeerraum. Ab März kommt der schwarz-weiße Vögel wieder zu uns zurück.

Auf einen Blick

Tierart: Vögel
Größe: 18 cm
Farbe: schwarz-weiß, mit grauem Rücken, schwarzer Kehle und Haube
Fortpflanzung: 5–6 Eier, 1- bis 2-mal im Jahr
Besonderheit: Die Bachstelze singt nur selten, meist gibt sie nur einzelne Rufe von sich, ein spitzes „zitit" oder ein leiseres „tschüp".
Lebensraum: saubere Bäche, Wiesen, Parks
Nahrung: Insekten, Spinnen, kleine Krebse, Würmer
Feinde: Raubvögel, Füchse, Katzen

SCHON GEWUSST?

Der Name täuscht

Anders als ihr Name vermuten lässt, braucht die Bachstelze nicht unbedingt ein Gewässer in ihrem Lebensraum. Sie kommt auch in Parks und Gärten, auf Wiesen und Wegen vor.

FINNs TIPP!

Höhle gesucht!

Das Weibchen der Bachstelze baut sein Nest gerne in einer kleinen Höhle, einer natürlichen wie einem Baum, oder einer vom Menschen geschaffenen, wie unter einem Stalldach. Du kannst auch einen Nistkasten bauen und an geeigneter Stelle aufhängen. Manchmal benutzt es auch ein großes anderes Vogelnest und baut sein kleines Nest dort hinein.

Eisvogel

Auf einen Blick

Tierart: Vögel
Größe: 16–17 cm
Farbe: Oberseite blau-türkis, Unterseite rostrot
Fortpflanzung: 6–7 Eier, 2- bis 3-mal im Jahr
Besonderheit: Beim Weibchen ist die Unterseite des Schnabels orange, beim Männchen schwarz.
Lebensraum: Klare Bäche, Flüsse, Seen
Nahrung: Fische, außerdem Frösche, Kaulquappen, Wasserinsekten
Feinde: Greifvögel, Wiesel, Katzen

Fliegender Edelstein

Wegen seiner Farbenpracht wird der nur spatzengroße Eisvogel häufig als „Fliegender Edelstein" bezeichnet. Kein Wunder, ist er doch der farbenprächtigste aller Wasservögel! Keine andere Vogelart hat so schöne blaue, blaugrüne und türkise Federn am Rücken und Kopf, während der Bauch rostrot ist.

Brutzeit und Brutpflege

Ab Ende März oder Anfang April brütet der Eisvogel in meist selbst gegrabenen Brutröhren seine Eier aus. Gerne wählt er dafür steile Lehm- oder Sandwände an Uferböschungen aus, manchmal aber auch geeignete Höhlen in größerer Entfernung vom Wasser. Nach 21 Tagen schlüpfen in kurzen Abständen die noch nackten Jungen. Dicht aneinander gedrängt liegen sie in der Bruthöhle und wärmen sich gegenseitig. Dabei bilden sie eine Art Wärmekegel. Wenn es besonders kalt ist, legen sich die Eltern zu ihnen ins Nest. Das nennt man „hudern". In der restlichen Zeit sind Vater und Mutter damit beschäftigt, kleine Fische als Futter für die Jungen heranzuschaffen.

FINNs  TIPP!

Ohren spitzen!

Trotz seines auffälligen Äußeren ist der Eisvogel nicht leicht aufzuspüren. Er ist sehr scheu und fliegt gleich weg, sobald er Menschen bemerkt. Vielleicht hast du aber Glück und hörst sein hohes, durchdringendes „tjiih". Diesen Ruf stößt er während seines Fluges tief über dem Wasser, oder wenn er auf Beute lauert, aus.

Aus Küken werden Jungvögel

Nach etwa zwei Wochen öffnen die Küken ihre Augen, zuerst das eine, dann das andere. Jetzt haben sie meist schon ihr Maximalgewicht von 55-60 g erreicht, ihre Bäuche sind schön rund. Stell dir vor, die Küken sind jetzt schwerer als ihre Eltern, die nur etwa 42 g auf die Waage bringen! Entsprechend munter sind die Kleinen, sie wagen sich auch schon einmal an den Eingang der Bruthöhle. Dort betteln sie mit durchdringendem „rrüerrüerrüe" um Futter.

Der Vater sorgt für den Nachwuchs

Jetzt übernimmt oft das Männchen das Füttern der gefräßigen Jungen. Immer wieder landet es mit einem Fisch in der Bruthöhle. Schon bald sind die Jungvögel ausgewachsen, sie verlassen die Höhle in der Regel zwischen ihrem 23. und 27. Lebenstag. Vor dem ersten Flug putzen sie sich ausgiebig, um die Hornhüllen zu lösen, die das Gefieder bisher umgeben haben. Endlich ist es soweit: Einer nach dem anderen wagt sich hinaus. Der Vater lockt die Jungen an umliegende Gewässer. Dort können sie erste Tauchversuche machen und das Fischen üben. Schon nach wenigen Tagen sind die jungen Eisvögel selbstständig und verlassen das elterliche Revier. Kaum zu glauben: Auf der Suche nach einem neuen Quartier legt ein Eisvogel bis zu 1 000 Kilometer zurück!

SCHON GEWUSST?

Gefährlicher Frost

Eiskalte Winter mit längeren Frostperioden sind für den Eisvögel lebensgefährlich. Denn wenn sich auf einem Bach oder Fluss eine geschlossene Eisdecke bildet, kommt er nicht mehr an seine Beute, die Fische, heran. Das künstliche Aufstauen von Bächen und Flüssen durch Wehre und Staustufen macht es für den schillernden Vogel noch schlimmer: Das Wasser fließt langsamer oder kommt ganz zum Stehen, wodurch sich umso schneller eine geschlossene Eisdecke bilden kann!

Stockente

Auf einen Blick

Tierart: Vögel
Größe: bis 56 cm
Farbe: Weibchen beige-braun, Männchen beige-braun bis oliv, zur Paarungszeit schillernd grün gefärbter Kopf
Gelege: 7–11 Eier
Besonderheit: Das Weibchen schützt seine Eier, indem es sie mit Kot bespritzt.
Lebensraum: fast alle Gewässer
Nahrung: Wasser- und Uferpflanzen, Wurzeln, Samen, Schnecken, Würmer, Kaulquappen
Feinde: Raubtiere, Füchse, Falken

Weit verbreitet

Die Stockente ist die häufigste bei uns lebende Entenart. Du triffst sie eigentlich an so gut wie jedem Teich, Weiher oder See. Das Weibchen ist braun gefärbt, während das Männchen vom Herbst bis zum Frühsommer grün schillernde Kopffedern hat – damit lockt es ein Weibchen zur Paarung an. Stockenten suchen sich nämlich jedes Jahr einen neuen Partner, mit dem sie nur für eine Brutsaison zusammen bleiben. Ihr Nest baut die Stockente meist auf dem Boden in Ufernähe. Die hellbraunen bis grünen Eier werden zwischen März und Juni abgelegt und 25 bis 30 Tage ausgebrütet. Dann schlüpfen die niedlichen schwarzbraunen Küken.

FINNs  TIPP!

Nestflüchter Stockente

Die Küken der Stockente sind Nestflüchter: Sie verlassen ihr Nest gleich am ersten Tag und folgen der Mutter aufs Wasser. Deshalb kannst du sie auch jedes Jahr im Frühjahr ganz munter hin- und herschwimmen sehen. Übrigens: Wenn sie ihre Mutter dabei einmal aus den Augen verlieren, stößt sie einen bestimmten Lockruf aus, den die Jungen seit ihrer Geburt kennen.

Typisch Schwimmente

Die Stockente gehört zur Familie der Schwimmenten. Das kannst du leicht an ihrem schwungvoll nach oben gebogenen Schwanz erkennen, der beim Schwimmen nicht ins Wasser eintaucht.

Allesfresser Stockente

Stockenten sind nicht gerade wählerisch beim Fressen. Sie vertilgen so gut wie alles, was sie finden: Wasser- und Uferpflanzen, Wurzeln, Samen, Schnecken, Würmer, Kaulquappen. Zur Nahrungssuche tauchen sie mit Kopf, Hals und Vorderkörper unter Wasser und suchen den Gewässergrund nach Nahrung ab. Ihr Hinterteil mit Schwanz ragt dabei aus dem Wasser. Das hast du sicher schon oft gesehen, oder? Diese Art des Tauchens zur Nahrungssuche nennt man gründeln.

SCHON GEWUSST?

Winterharte Füße

Im Winter bleiben Stockenten bei uns, sie sind also Standvögel. Anders als viele andere Tiere können sie sogar auf zugefrorenen Seen oder Teichen umherlaufen, ohne festzufrieren. Das liegt daran, dass ihre Füße sehr kalt sind und die Tiere daher keine Körperwärme verlieren. Das funktioniert durch einen besonderen Wärmeaustausch in ihrem Blutkreislauf. Er sorgt dafür, dass nur kaltes Blut in die Füße abfließt, das zurücklaufende Blut aber erwärmt wird. Wie praktisch, oder?

Bachforelle

Auf einen Blick

Tierart: Fische
Größe: 20–30, selten bis 60 cm
Farbe: Oberseite dunkelgrün bis braun mit roten und schwarzen Punkten, Unterseite weiß
Gelege: 300–1 500 Eier
Besonderheit: Die Bachforelle hat ein endständiges Maul, das heißt, dass der Unterkiefer und der Oberkiefer gleich lang sind.
Lebensraum: Kalte, sauerstoffreiche Bäche und Flüsse
Nahrung: Insektenlarven, Kleinkrebse, Kaulquappen, kleine Fische
Feinde: Kormoran, Graureiher, Hecht

Eigenes Revier

Die Bachforelle ist ein sesshafter Fisch, der ein eigenes Revier in Anspruch nimmt und es gegen Eindringlinge verteidigt. Verlassen wird dieses Revier nur zur Fortpflanzung: Im Spätherbst sucht die Bachforelle kleinere Nebenbäche ihres Gewässers auf, um dort im sandig-kiesigen, seichten Wasser ihren Laich abzulegen. Durch schnelles Bewegen des Schwanzes und der Schwanzflosse schlägt das Weibchen eine 15-30 cm tiefe, flache Grube in den Boden, in der es seine winzigen, gelblichen Eier ablegt. Nach der Besamung durch das Männchen werden die Eier wieder mit Kies bedeckt, um sie vor Fressfeinden zu schützen. Nach einigen Wochen schlüpfen die Fischlarven.

SCHON GEWUSST?

Sportlich veranlagt

Die Bachforelle kann über eine kurze Strecke bis zu 35 km/h schnell schwimmen! Deshalb ist sie als Raubfisch ziemlich gefährlich für kleine Wassertierchen. Außerdem schafft sie es, bis zu einer Höhe von 80 cm aus dem Wasser zu springen.

FINNs TIPP!

Wo sich die Bachforelle versteckt

Die Bachforelle liebt Verstecke und tiefe Stellen im Bach. Auch unterspülte Wurzeln, überhängende Büsche und große Steine im Wasser sucht sie gerne auf. Also denk dran: Öfter mal unter einen Busch oder Stein schauen, vielleicht entdeckst du dort eine Bachforelle!

Moderlieschen

Auf einen Blick

Tierart: Fische
Größe: 5–8 cm
Farbe: Oberseite braun-grünlich, seitlich silberweiß
Fortpflanzung: 500–3 000 Eier
Besonderheit: schwimmen meist dicht unter der Wasseroberfläche
Lebensraum: pflanzenreiche Teiche und langsam fließende Bäche
Nahrung: Plankton, Mückenlarven, Wasserflöhe
Feinde: Raubfische

Typischer Schwarmfisch

Das kleine, schlanke Moderlieschen fühlt sich in stehenden und langsam fließenden Gewässern am wohlsten, manchmal kann man es sogar in Wasserlöchern oder größeren Pfützen entdecken. In Teichen oder Bächen schwimmt es oft in größeren Schwärmen. Zwischen April und Juni, sobald das Wasser eine Temperatur über 18 °C hat, beginnt die Laichablage. Die winzig kleinen, farblosen Eier werden vom Weibchen auf die Blattunterseiten von Wasserpflanzen, auf Holzstücke oder Wurzeln nahe der Wasseroberfläche abgelegt. Das Männchen bewacht den Laich die nächsten fünf bis zwölf Tage, bis er fortgeschwemmt wird.

FINNs TIPP!

Beliebter Teichfisch

Wenn ihr einen Gartenteich habt, könnt ihr das Moderlieschen gut darin halten – auch wenn er nur klein ist. Allerdings darf der Teich im Winter nicht vollständig zufrieren, gelegentlich Eis und Kälte machen dem Moderlieschen aber nichts aus.

Karpfen

Auf einen Blick

Tierart: Fische
Größe: bis zu 1 m
Farbe: braun-grün bis braun-grau, Flossen orange-gelb
Fortpflanzung: 200 000–700 000 Eier
Besonderheit: auffällig große Schuppen
Lebensraum: warme, stehende oder langsam fließende Gewässer
Nahrung: Wasserpflanzen, kleine Wassertiere
Feinde: Raubfische (gefährlich für die Jungkarpfen)

Riese im Teich

Der Karpfen ist einer der größten bei uns lebenden Süßwasserfische, er kann bis zu 1 m lang werden und an die 30 kg wiegen! Seine ursprüngliche Heimat war Asien, nach Europa wurde er von Menschen eingeführt. Neben den wild lebenden Karpfen gibt es auch spezielle Zuchtkarpfen zum Verzehr, die aber deutlich kleiner sind.

Gefährliche Flossen

Der Karpfen ist ein sogenannter Friedfisch, das heißt, er frisst keine anderen Fische. Dafür ernährt er sich von kleinen Wassertierchen und Pflanzen. Um leichter an seine Nahrung zu kommen, streckt er sein Maul wie einen Rüssel nach vorne. Wenn er dagegen selbst angegriffen wird, wehrt er sich mit seinen gefährlichen Flossen: Seine Rückenflosse hat über 20 und seine hintere Flosse 8 Stacheln. Deshalb hat ein ausgewachsener Karpfen auch kaum mehr natürliche Feinde – sein ärgster Feind ist der Mensch, der ihn angelt.

SCHON GEWUSST?

Alles übers Angeln

Du möchtest gerne Angeln lernen? Dann wendest du dich am besten an den Deutschen Anglerverband. Er gibt eine Broschüre speziell für Kinder heraus, in der du alles Wichtige rund um den Angelsport nachlesen kannst. Du kannst sie unter folgender Adresse bestellen:
Deutscher Anglerverband e.V.
Weißenseer Weg 110, 10369 Berlin
Tel. 030/97104379, www.anglerverband.com

Dreistachliger Stichling

Auf einen Blick

Tierart: Fische
Größe: 5–8 cm
Farbe: silbrig-glänzend
Fortpflanzung: 100–1 500 Eier
Besonderheit: Das Männchen baut das Nest und verteidigt es.
Lebensraum: fließende und stehende Gewässer
Nahrung: Bachflohkrebse, Köcherfliegenlarven
Feinde: Hechte, Aale

Fisch ohne Schuppen

Der Dreistachlige Stichling ist ein bei uns weit verbreiteter, kleiner Fisch, den du in vielen Bächen, Seen und Flüssen antreffen kannst. Ihn zu erkennen ist nicht schwer: Anders als die meisten anderen Fische hat der Stichling keine Schuppen, seine Haut ist entweder nackt oder mehr oder weniger mit Knochenplatten bedeckt. Seinen Namen verdankt er seinen einzeln stehenden und beweglichen Stacheln an der Bauchflosse und vor der Rückenflosse.

Zick-Zack-Tanz

Im Frühjahr ist Paarungszeit beim Dreistachligen Stichling. Das Männchen verfärbt sich, um Weibchen anzulocken. Sein Bauch wird leuchtend rot, seine Iris wird blau. Nachdem es auf dem Gewässergrund ein Nest gebaut hat, geht es auf Partnersuche. Sobald es ein Weibchen entdeckt hat, beginnt das Männchen mit einem besonderen Tanz, dem Zick-Zack-Tanz. Dabei zeigt es dem Weibchen so lange seinen roten Bauch, bis es zur Paarung kommt. Für die Brutpflege ist das Männchen zuständig, es kümmert sich später dann auch um die frisch geschlüpften Jungen und bringt ihnen alles bei, was sie zum Überleben brauchen.

FINNs TIPP!

Winterquartier im Brackwasser

Den Winter verbringt der Dreistachlige Stichling gerne in den Brackwassergebieten von Flussmündungen, wo sich das süße Flusswasser mit dem salzigen Meereswasser mischt. Dort kann man ihn leicht ausfindig machen.

Steinkrebs

Typisch Steinkrebs

Der Steinkrebs ist die kleinste bei uns lebende Krebsart. Sein Körper ist in einzelne Segmente gegliedert und von einem Chitin-Panzer bedeckt. Wie seine größeren Verwandten schwimmt auch er stoßweise rückwärts. Das gelingt ihm durch ruckartige Schläge seines Schwanzes und Einklappen des Hinterkörpers. Als nachtaktives Tier verbringt der Steinkrebs den Tag gut versteckt unter größeren Steinen. Die Paarung findet meist Anfang Oktober statt, die jungen Krebse schlüpfen im Mai. Bis dahin trägt das Weibchen die befruchteten Eier an ihrer Schwanzunterseite mit sich herum.

Auf einen Blick

Tierart: Gliederfüßer (Krebstiere)
Größe: 8–10 cm
Farbe: Oberseite unregelmäßig graubraun gefärbt, Scheren auf der Unterseite weißlich
Fortpflanzung: ca. 50 Eier
Besonderheit: Damit der Steinkrebs auch nach hinten sehen kann, sind seine Augen rundum beweglich.
Lebensraum: saubere, schnell fließende Bäche
Nahrung: Allesfresser: kleine Wassertiere, Aas, Pflanzen
Feinde: Raubfische, Iltis, Otter, Vögel, Bisamratten

Bildquelle: Christoph Leeb

SCHON GEWUSST?

Weg mit dem Panzer!

Anders als etwa Säugetiere hat der Steinkrebs kein Skelett im Körperinneren, sondern ein festes Außenskelett, seinen Chitin-Panzer. Weil sein fester Panzer nicht mitwachsen kann, muss er sich regelmäßig häuten. Dazu muss der Krebs den zu eng gewordenen Panzer mühsam abstreifen, um einem neuen, größeren Platz zu machen. Das ist so anstrengend, dass manche Tiere sogar vor Erschöpfung sterben können! Zwischen dem Abstreifen des alten Panzers und dem Aushärten des neuen, größeren Panzers wächst der Krebs. In diesen 8-10 Tagen wird er als „Butterkrebs“ bezeichnet, weil sein Körper dann fast ungeschützt ist.

Bachflohkrebs

So erkennst du den Bachflohkrebs

Der Körper dieses winzigen Krebstierchens ist bogenförmig gekrümmt und seitlich zusammengedrückt. Am Kopf hat der Bachflohkrebs zwei Paar längere Fühler. Beim Schwimmen schlägt er den Hinterleib abwechselnd nach vorn gegen die Bauchseite ein und streckt ihn dann wieder. Oft sieht man den Krebs auch auf dem Boden rutschen. Die Brustbeine ziehen und schieben dabei den Körper, der sich krümmende Hinterleib stemmt ihn nach vorne. Die meiste Zeit versteckt er sich zwischen und unter Steinen und im Pflanzendickicht auf dem Gewässergrund. Hier ist der kleine Krebs vor dem Abdriften durch die Strömung geschützt und sicher vor seinen Feinden.

Auf einen Blick

Tierart: Gliederfüßer (Krebstiere)
Größe: 1,5–2 cm
Farbe: weißlich bis gelbbraun
Fortpflanzung: 20–100 Eier
Lebensraum: fließende, leicht steinige Bäche und Flüsse
Besonderheit: Bevor der Bachflohkrebs geschlechtsreif wird, muss er sich 10-mal häuten.
Nahrung: Allesfresser, abgestorbene Pflanzenteile, aber auch Pflanzen, Pilze, Bakterien und kleine Wassertiere
Feinde: Elritze

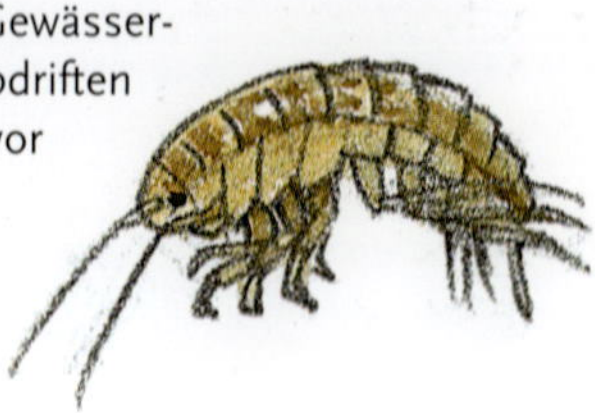

Lieblingspflanze Wasserpest

In ruhigeren Bachabschnitten wächst die sogenannte Wasserpest, der bevorzugte Aufenthaltsort des Bachflohkrebses. Diese Pflanze ist nicht sehr strömungsbeständig, ihre Verzweigungen reißen leicht aus und lagern sich am Boden ab. Für den Bachflohkrebs sind das ideale Bedingungen, da er hier Nahrung und Unterschlupf findet. Wenn du also deinen Kescher durch eine Ansammlung von Wasserpestpflanzen ziehst, wirst du die kleinen Krebstiere wahrscheinlich mit einfangen. Oder du hebst im Wasser liegende Steine hoch: Oft wuseln dort viele Bachflohkrebse herum.

Wasserfloh

Auf einen Blick

Tierart: Gliederfüßer (Krebstiere)
Größe: Körper 1–4 mm, mit langen Antennen
Farbe: weißlich-durchsichtig
Fortpflanzung: Unmengen von Eiern, werden nicht befruchtet
Lebensraum: Teiche, langsam fließende Bäche
Besonderheit: Wasserflöhe springen auf der Wasseroberfläche
Nahrung: Bakterien, Abfallstoffe von Tieren und Pflanzen
Feinde: Fische, Insektenlarven

So erkennst du den Wasserfloh

Mit dem bloßen Auge ist es schwierig, den nur mehrere Millimeter großen Wasserfloh auszumachen. Wenn du aber mit dem Kescher in den Teich gehst und dir danach mit der Becherlupe anschaust, was du gekeschert hast, dann ist höchstwahrscheinlich auch eine größere Anzahl an Wasserflöhen dabei. Denn dieses winzige Tierchen ist sehr häufig in unseren Teichen und in langsam fließenden Bächen. Vielleicht gelingt es dir aber auch, einen Wasserfloh an der Wasseroberfläche zu entdecken: Durch das Schlagen seiner langen Antennen macht er nämlich eine hüpfende Bewegung im Wasser. Dieser Bewegung verdankt er seinen Namen: Er hüpft wie ein Floh!

FINNs  TIPP!

Unter dem Mikroskop

Du hast einen Wasserfloh gefangen? Dann schau ihn dir, wenn du kannst, mit einem starken Mikroskop an: Erkennst du seine großen, schwarzen Komplexaugen und seine Filterbeine, die er in seiner Schale unter den zwei Klappen versteckt?

SCHON GEWUSST?

Schnelle Vermehrung

Wasserflöhe legen Unmengen von Eiern ab, die nicht befruchtet werden müssen. Schon nach kurzer Zeit schlüpfen kleine, meist weibliche Krebschen, die selbst nach wenigen Tagen wieder Unmengen von Eiern ablegen.

Wasserassel

Massenhaft am Gewässergrund

Wenn du im Haus oder Garten schon einmal eine Kellerassel gesehen hast, dann wirst du auch die Wasserassel sofort erkennen: Sie hat einen etwas abgeflachten graubraunen Körper mit neun Körpergliedern inklusive Kopf und sieben Beinpaaren. An den hinteren Beinen befinden sich Kiemen, mit denen die Wasserassel atmet. Ihr Lebensraum ist der Gewässergrund: Dort kann man sie oft in riesigen Mengen antreffen, am liebsten gut versteckt zwischen Wasserpflanzen oder Steinen.

Auf einen Blick

Tierart: Gliederfüßer (Krebstiere)
Größe: 8–12 mm
Farbe: graubraun
Fortpflanzung: ca. 100 Eier
Lebensraum: stehende und leicht fließende Gewässer
Besonderheit: Meist klettern die Wasserasseln auf dem Boden oder auf Pflanzen umher, sie können aber auch schwimmen.
Nahrung: abgestorbene Pflanzenreste
Feinde: größere Fische

SCHON GEWUSST?

Klammerassel

Vor der Paarung trägt das Weibchen der Wasserassel das Männchen etwa 8 Tage lang auf seinem Rücken umher. Ganz schön anstrengend! Zur eigentlichen Paarung klammert sich das Männchen eine Zeitlang eng um das Weibchen. Die Eier reifen dann in einer Art Brutsack an der Bauchseite des Weibchens, das dauert je nach Wassertemperatur 3-6 Wochen. Wenn die kleinen Wasserasseln schließlich schlüpfen, sind sie so gut wie ausgewachsen.

Schnauzen-schnecke

Auf einen Blick

Tierart: Weichtiere (Schnecken)
Größe: 8–12 mm (Gehäuse)
Farbe: hellbraunes, kegelförmiges Gehäuse
Fortpflanzung: 100–500 Eier
Besonderheit: Höchstalter 1–2 Jahre
Lebensraum: stehende und langsam fließende Gewässer
Nahrung: lebende und absterbende Pflanzenteile
Feinde: Enten, größere Fische

Winterruhe der Schnauzenschnecke

Im Spätherbst verkriecht sich die Schnauzenschnecke zur Winterruhe ins tiefere Wasser. Dort gräbt sie sich im Boden ein oder versteckt sich unter Steinen und Blättern. Bis März oder April, je nachdem wie lange der Winter dauert, bleibt die Schnecke in ihrem kuscheligen Versteck. Im Frühjahr sucht sie dann das seichtere Wasser auf – dort ist die Wassertemperatur höher als in der Tiefe.

Atmung mit Kiemen

Die Schnauzenschnecke ist, wie die meisten Wasserschnecken, eine so genannte Kiemenschnecke: Sie atmet wie die Fische über Kiemen, die sich in ihrer Atemhöhle befinden. Da sie in ihrer Atemhöhle Kiemen hat, muss die Schnecke zum Atmen nicht auftauchen. Es gibt auch Schnecken, die über Lungen atmen, zum Beispiel die Große Schlammschnecke (Seite 57).

SCHON GEWUSST?

Keine Angst vor Austrocknung

Wenn das Gewässer, in dem die Schnauzenschnecke lebt, vorübergehend austrocknet – zum Beispiel in einem sehr heißen, regenarmen Sommer – macht das der Schnecke wenig aus: Sie kann bis zu einem Monat im Schlamm eingegraben überleben.

Große Schlamm-schnecke

Auf einen Blick

Tierart: Weichtiere (Schnecken)
Größe: 4–5 cm (Durchmesser Gehäuse)
Farbe: hellbraunes, spitz zulaufendes Gehäuse
Fortpflanzung: 10–200 Eier
Besonderheit: Höchstalter 3–4 Jahre
Lebensraum: pflanzenreiche, stehende und langsam fließende Gewässer
Nahrung: lebende und absterbende Pflanzenteile, tote Tiere
Feinde: Bachschmerle und andere Fische

Praktisch: eine Lunge für unter Wasser

Die Große Schlammschnecke (Spitzschlammschnecke) gehört zur Familie der Lungenschnecken. Wie alle Lungenschnecken hat sie an der Mantelhöhle, die ihr zur Atmung dient, eine kleine Öffnung, die sich regelmäßig öffnet und schließt. Sie führt in einen Hohlraum, die „Lunge" der Schnecke. Deshalb muss sie zum Atmen kurz an die Wasseroberfläche kommen, um Luft in die Mantelhöhle zu pumpen.

SCHON GEWUSST?

Weit verbreitet

Die Große Schlammschnecke oder Spitzschlammschnecke ist die häufigste Schneckenart in unseren Gewässern.

FINNs TIPP!

Mit dem Gehäuse nach oben

Die Lieblingshaltung der Großen Schlammschnecke macht es dir leicht, sie zu beobachten: Sie schwimmt nämlich oft mit ihrem Gehäuse nach unten zeigend direkt auf der Wasseroberfläche, um dort Algen abzuweiden. Manchmal entdeckst du sie auch an einer Wasserpflanze.

Wandermuschel

Auf einen Blick

Tierart: Weichtiere (Muscheln)
Größe: 2–4 cm
Farbe: hellbraun oder dunkelbraun, mit dunklen Zickzack-Streifen
Fortpflanzung: bis zu 1 Million Eier
Besonderheit: Wegen ihres Musters wird die Wandermuschel auch Zebramuschel genannt.
Lebensraum: saubere Fließgewässer, Brackwasser, kleine Seen
Nahrung: Plankton, Algen, Plankton und andere Mikroorganismen im Wasser
Feinde: Wasservögel

Gesellige Wandermuschel

Die Wandermuschel lebt häufig in riesigen Kolonien, gemeinsam mit zahlreichen anderen Wandermuscheln. In dicken Klumpen heften sich die Muscheln mit ihren Haftfäden, auch Byssusfäden genannt, an harten Untergrund wie Steine.

SCHON GEWUSST?

Schutz durch die Schale

Die Schale dient den Muscheln als Rückzugsort und Schutz vor Feinden. Wie bei allen Muscheln öffnet sich die Schale der Wandermuschel mithilfe eines elastischen Bandes, geschlossen hält sie ein Schließmuskel.

Teichmuschel

Auf einen Blick

Tierart: Weichtiere (Muscheln)
Größe: 8–15 cm
Farbe: bräunlich bis grün
Fortpflanzung: 100 000–300 000 Eier
Besonderheit: Teichmuscheln sind oft sehr schön gemustert
Lebensraum: saubere Stillgewässer mit schlammigem Boden
Nahrung: Plankton, Algen, Plankton und andere Mikroorganismen im Wasser
Feinde: Wasservögel

Sauerstoff aus dem Wasser

Muscheln atmen wie Fische mit Kiemen, die an ihrem Körper hängen und mit feinen Flimmerhärchen besetzt sind. Damit holen sie sich den zum Atmen nötigen Sauerstoff aus dem Wasser. Gleichzeitig durchsuchen die Muscheln das Wasser auf verwertbare Nahrung. Das nennt man „Filtrieren“. Nicht verdauliche Stoffe scheidet die Muschel wieder ins Wasser aus. Auf diese Weise reinigen Muscheln das Wasser und nehmen eine wichtige Rolle zur Sauberhaltung von Gewässern ein. Nicht verdauliche Stoffe scheidet die Muschel wieder ins Wasser aus. Giftstoffe allerdings wird sie nicht so leicht wieder los und ist deshalb in verschmutzten Gewässern sehr gefährdet.

SCHON GEWUSST?

Jahresringe wie beim Baum

Teichmuscheln können 15 bis 25 Jahre alt werden: Ihre Schale wächst jedes Jahr um einen neuen, gut sichtbaren Ring.

FINNs TIPP!

Liebt schlammigen Untergrund

Besonders häufig kannst du die Teichmuschel in größeren Teichen mit schlammigem Grund aufspüren.

Wie ein Anker

Du hast eine Teichmuschel auf einem Stein entdeckt? Dann versuch doch einmal vorsichtig, sie von ihrem Untergrund abzulösen. Merkst du, wie gut ihr „Anker“ funktioniert? Er besteht aus dünnen Fäden, die von speziellen Drüsen hergestellt werden. Man nennt sie auch „Bart“.

Insekten und andere kleine Tiere

In jedem Bach herrscht ein richtiges Gewimmel von Kleinstlebewesen. Im Sand oder unter Steinen versteckt findest du eine Vielzahl verschiedener Tiere. Wir können hier natürlich nicht alle diese Tierchen beschreiben und haben uns deshalb einige besonders häufige wie die Eintagsfliege oder besonders auffällige wie die Prachtlibelle ausgesucht. Alle im Folgenden vorgestellten Lebewesen kannst du mit etwas Glück und Geduld mit dem Kescher einfangen und danach mit der Becherlupe in Ruhe anschauen und bestimmen. Nicht vergessen: Die Tiere immer gleich wieder freilassen!

Eintagsfliege

Tierart: Insekten
Obwohl sie so ähnlich heißen, haben Eintagsfliegen mit normalen Fliegen nichts gemeinsam. Sie bilden eine eigene Insektenordnung, allein in Europa gibt es rund 80 Arten! Manche Eintagsfliegenarten leben nur wenige Stunden, die meisten aber 2 bis 3 Tage. Weil ihr Mundwerkzeug verkümmert ist, kann die Eintagsfliege keine Nahrung aufnehmen. Tagsüber sitzt sie auf der Unterseite von Steinen, abends beginnt das Paarungsspiel. Das Männchen stirbt kurz danach, das Weibchen beginnt mit der Eiablage ins Wasser. Auch die Larve der Eintagsfliegen bleibt im Wasser, etwa ein Jahr lang. Dann steigt sie zum Schlüpfen an die Wasseroberfläche. Dort häutet sie sich innerhalb von Sekunden zum flugfähigen Insekt mit 4 Flügeln.

SCHON GEWUSST?

Gut geschützt

Durch ihren flachen Körper bietet die Eintagsfliege der Strömung in schnell fließenden Bächen wenig Widerstand, sodass für das Tierchen nur eine geringe Gefahr besteht, mitgerissen zu werden.

Blauflügel-Prachtlibelle

Tierart: Insekten

Die farbenprächtige, etwa 5 cm lange Libelle ist zwischen Mai und September überwiegend an Bächen und Flüssen zu sehen. Bei Sonnenschein sitzt sie gerne auf überhängenden Zweigen und Halmen. Die Männchen verteidigen ihr Revier gegen Eindringlinge, die Weibchen stechen ihre Eier in Wasserpflanzen. Nach dem Schlüpfen bleiben die Larven im Wasser und ernähren sich von Kleintieren.

FINNs  TIPP!

Auffälliger Flug

Am leichtesten lässt sich diese Libelle beim Fliegen beobachten, wenn sie ihre glänzend blauen (Männchen) oder glänzend grünen (Weibchen) Flügel aufspannt. Wenn sie sitzt, ist sie dagegen nur schwer auszumachen.

Wasserläufer

Tierart: Insekten

Der Wasserläufer ist an mäßig fließenden und stehenden Gewässern sehr verbreitet. Im Frühjahr gehört er zu den ersten Insekten, die du in der Natur antriffst. Sein schlanker, 6-20 mm langer Körper hat lange dünne Mittel- und Hinterbeine, mit denen er sich ruckartig bewegt, kleinere Insekten fängt und dann mit seinem Saugrüssel aussaugt.

SCHON GEWUSST?

Das hält ihn auf der Oberfläche

Der Wasserläufer scheint mühelos auf der Wasseroberfläche zu laufen. Wie das geht? Die Oberflächenspannung des Wassers bildet eine Art Folie, auf der sich das leichte Tierchen bewegen kann. Seine Beine und sein Körper sind mit silbrigen, Wasser abweisenden Härchen überzogen. Sie sorgen dafür, dass er auf der Wasseroberfläche dahinflitzen kann und vor dem Untergehen geschützt ist.

Köcherfliegenlarve

Tierart: Insektenlarve

Der Lebensraum der Köcherfliegenlarve befindet sich in mäßig strömenden Fließgewässern und Seen. Sie gehört zu den Insekten, die eine vollständige Entwicklung vom Ei über die Larve zur Puppe bis zum erwachsenen Tier durchlaufen. Besonders spannend ist der sogenannte Köcher, den sich ihre Larve als Unterschlupf baut. Diese etwa 3 cm lange Röhre stellt sie aus Sandkörnern und kleinen Steinen her, an den Längsseiten spinnt sie Stöckchen an, die oft länger als der eigentliche Köcher sind. Weil die Larve diesen Köcher nie verlässt, ist sie vor ihren ärgsten Feinden, den Fischen, gut geschützt: Denn kein Fisch kann dieses Gebilde als Ganzes verschlucken!

FINNs TIPP!

Köcher entdecken

Schau doch mal zwischen freigespülten Wurzeln oder an Pfeilern eines Stegs oder einer Brücke: Vielleicht entdeckst du sogar eine größere Zahl von Köcherfliegenlarven, die dort umherkriechen!

Gelbrandkäfer

Tierart: Insekten

Der Gelbrandkäfer ist einer der größten bei uns lebenden Käfer und weit verbreitet: Er lebt in langsam fließenden Bächen, aber auch in Teichen und Tümpeln. Sein Körper besteht, wie bei allen Insekten, aus 3 Teilen: Kopf, Brust mit Halsschild und Hinterleib. Die Oberseite ist dunkelgrün gefärbt, die Unterseite gelblich. Der Gelbrandkäfer hat sechs Beine und zwei dünne Flügel zum Fliegen, die zusammengefaltet unter Deckflügeln mit gelben Rändern liegen (daher sein Name).

SCHON GEWUSST?

Gut angepasst

Der Gelbrandkäfer glänzt so schön, weil seine Oberseite mit einer dünnen Ölschicht bedeckt ist, die aus besonderen Hautdrüsen ausgeschieden wird. Dadurch stößt sein Körper Wasser ab. Seine Hinterbeine sind abgeflacht und mit Borsten besetzt, er benutzt sie beim Schwimmen wie Ruder.

Taumelkäfer

Tierart: Insekten

Der bis zu 0,7 cm große Käfer fällt durch seinen schwarz glänzenden Rücken mit gleichmäßigen Punkten auf. Bemerkenswert sind auch seine Augen, die in einen oberen und einen unteren Abschnitt geteilt sind. Damit kann der Taumelkäfer gleichzeitig über und unter Wasser sehen, denn die Trennwand liegt genau auf der Höhe des Wasserspiegels. Bei Gefahr taucht der Käfer blitzschnell unter. Er kann auch sehr gut fliegen und so neue Gewässer besiedeln.

FINNs  TIPP!

Kreisender Käfer

Typisch für den Taumelkäfer sind seine auffälligen Schwimmbewegungen: Er schwimmt an der Wasseroberfläche in Kreisen und Schlangenlinien umher. Sein Körper taucht beim Schwimmen nur knapp zur Hälfte ins Wasser.

Wasserspinne

Tierart: Spinne

Die 8-16 mm große, graubraune Wasserspinne ist die einzige fast ständig unter Wasser lebende heimische Spinnenart. Ihren Sauerstoff bezieht sie über eine mit Luft gefüllte Taucherglocke. Dafür spinnt die Wasserspinne zuerst ein Netz zwischen mehreren Wasserpflanzen, von dem aus ein Spinnfaden zur Wasseroberfläche führt. Auf diesem Faden läuft die Spinne dann immer wieder nach oben, um eine Luftblase unter das Netz zu bringen. So entsteht ihre Taucherglocke, in der sie den Großteil ihres Lebens verbringt.

Schlammröhrenwurm

Tierart: Wirbellose

Der Schlammröhrenwurm wird 3-8 cm lang und lebt im Schlamm oder Sand von stehenden Gewässern. Seine auffällige rote Färbung ist auf den roten Blutfarbstoff in seinem Körper zurückzuführen. Durch diesen Farbstoff kann der Wurm auch in verschmutzten Gewässern Sauerstoff über seine Haut aufnehmen. Deshalb ist der sichtbare Teil des Wurms, der aus dem Schlamm herausragt, ein Anzeiger für den Verschmutzungsgrad des Wassers, in dem er lebt.

Die Nahrungspyramide

Das Modell der Nahrungspyramide zeigt dir, welche Tiere und Pflanzen in einem Bach oder Fluss von wem gefressen werden.

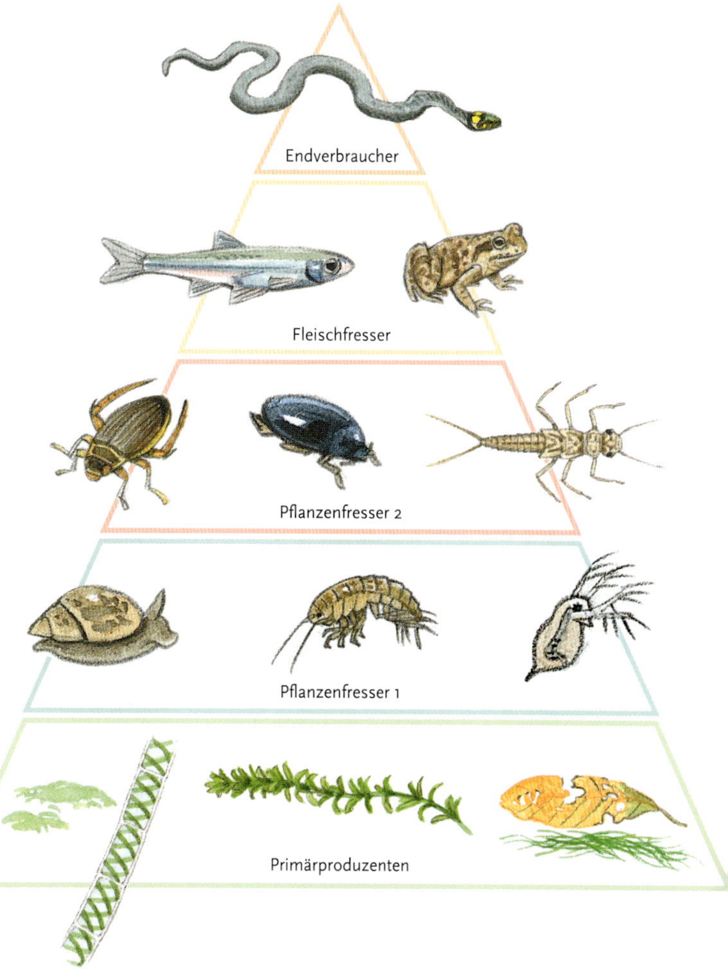

Ökologisches Gleichgewicht

Die Basis der Pyramide bilden die Primärproduzenten, zum Beispiel Plankton oder Algen. Die folgenden Stufen nehmen die Verbraucher oder Konsumenten ein: zunächst die Pflanzenfresser (zum Beispiel die Schnauzenschnecke oder der Bachflohkrebs), dann folgen die verschiedenen Ebenen der Fleischfresser (zum Beispiel die Forelle oder das Moderlieschen). An der Spitze der Pyramide stehen die Endverbraucher (das sind beispielsweise Ringelnatter, Eisvogel oder Fischotter).

Die Nahrungspyramide

Alle Tiere und Pflanzen im Bach oder Teich sind voneinander abhängig: Die Kleinstlebewesen sind die Abfallvertilger im Gewässer. Kleine Wassertierchen wie Wasserfloh und Bachflohkrebs zerlegen Pflanzenreste und Aas und bauen sie ab, bis nur noch Mineralstoffe übrig bleiben, die für das Wachstum der Pflanzen wichtig sind. Diese Kleinstlebewesen sind wiederum die Nahrung für Käfer und Libellenlarven, die selbst von größeren und kleineren Fischen gefressen werden. Die Fische wiederum werden zur Beute von größeren räuberischen Tieren wie Fischotter, Eisvogel und Ringelnatter. Sie bilden die Spitze der Nahrungspyramide. Auf diese Weise schließt sich der Kreislauf, und das System Bach oder Teich befindet sich im Gleichgewicht.

SCHON GEWUSST?

Empfindliches Gleichgewicht

Eine Nahrungspyramide kann sich im Laufe eines Jahres oder während der Entwicklung eines Ökosystems verändern. Dies trifft zum Beispiel zu, wenn sich in einem Bach die Wasserqualität verschlechtert.

Pflanzen an und in Bach und Teich

Wo die Pflanzen wachsen

Je nachdem wo die Pflanzen am und im Bach und Teich wachsen, kann man sie in verschiedene Gruppen einteilen: Man unterscheidet Uferpflanzen, Schwimmblattpflanzen und Unterwasserpflanzen. Wir haben uns im Folgenden an diese Einteilung gehalten, damit du die Pflanzen, die du am Bach entdeckst, leichter zuordnen kannst.

Uferpflanzen

Das Gewässerufer bildet den Übergang vom Land- zum Wasserleben. Das zeigt sich auch an den hier wachsenden Pflanzen: Sie haben ihre Wurzeln entweder im Uferbereich oder im seichten Wasser.

Schwimmblattpflanzen

Wie der Name sagt, schwimmen die Blätter dieser Pflanzen auf der Wasseroberfläche. Man findet sie ab einer Wassertiefe von etwa 50 cm. Manche Schwimmblattpflanzen haben Wurzeln im Boden, andere schwimmen frei auf dem Wasser.

Unterwasserpflanzen

Diese Pflanzen wachsen unter Wasser und sind meist fein verzweigt. Bei manchen Unterwasserpflanzen erfolgt die Bestäubung unter Wasser, bei anderen ragen die Blüten knapp über die Wasseroberfläche.

FINNs  TIPP!

Auswahl der Pflanzen

Auch bei den an Bach und Teich lebenden Pflanzen können wir hier nicht alle beschreiben; wir haben uns auf die häufigsten oder auffälligsten Pflanzen beschränkt.

Uferpflanzen

Sumpfdotterblume

Die 20-60 cm hohe Blume findest du an zahlreichen Bachufern, aber auch auf sumpfigen Wiesen oder in Auwäldern. Sie gehört zur Familie der Hahnenfußgewächse. Ihren Namen verdankt die Sumpfdotterblume der leuchtend gelben Farbe ihrer Blüten, die an Eidotter erinnert. Damit zieht sie vor allem Bienen an, die für eine schnelle Vermehrung der Pflanze sorgen. Ihre Blütezeit ist von März bis Juni.

FINNs  TIPP!

Vorsicht scharf!

Wegen ihres scharfen Geschmacks wird die Sumpfdotterblume von den meisten Tieren gemieden. Wenn du diese Blume angefasst hast, vermeide Augenkontakt und wasch dir gut die Hände, sonst brennt es unangenehm.

Bachbunge

Die Bachbunge wächst am liebsten im seichten Wasser von Bachläufen. Ihre Wurzeln sind komplett unter Wasser. Erkennungsmerkmal dieser recht häufigen Pflanze sind ihre fleischigen Blätter, die vorne etwas rund sind und einen gezahnten Rand aufweisen. Im Mai trägt die Bachbunge blaue Blüten, die bis September erhalten bleiben.

FINNs TIPP!

Bei Larven beliebt

An den Pflanzenteilen der Bachbunge, die unter Wasser sind, halten sich gerne verschiedene Larven auf. Du kannst sie dort leicht ausfindig machen. Wenn du eine Larve mit dem dazugehörigen Pflanzenteil untersuchen willst, nimm nur so viel von der Pflanze ab, dass sie nicht beschädigt wird.

Rohrkolben

In langsam fließenden und stehenden, nährstoffreichen Gewässern findet man den Rohrkolben, wobei man breitblättrigen und schmalblättrigen Rohrkolben unterscheiden kann. Diese Pflanze bildet häufig ausgedehnte Bestände.

SCHON GEWUSST?

Pionierpflanze Rohrkolben

Rohrkolben sind sogenannte „Pionierpflanzen“: Das heißt, sie besiedeln als einer der ersten Arten ein neu entstandenes Gewässer. Allerdings tragen sie mit ihren weit kriechenden Wurzeln auch schnell zur Verlandung kleinerer Gewässer bei.

Schilfrohr

Dieses weit verbreitete Ufergras kann 1-4 m hoch werden, seine Stängel sind aufrecht und kahl mit gräulich-grünen Blättern und lila-bräunlichen Blüten. Das Schilfrohr breitet sich sehr schnell aus und bildet oft einen richtigen Schilfgürtel am Ufer. Dieser Schilfgürtel ist für viele Tierarten ein wichtiger Rückzugs- und Brutplatz. So nisten dort viele Vogelarten wie Enten, Teichrohrsänger und viele andere.

Schwimmblattpflanzen

Wasserknöterich

Der Wasserknöterich ist eine weit verbreitete Schwimmblattpflanze und liebt stehendes Wasser. Manchmal findet man ihn aber auch an Land, am Ufer oder an feuchten, morastigen Stellen. Für die Vermehrung ist der Wasserknöterich dagegen auf das Wasser angewiesen, denn die Samen schwimmen und werden durch Wasser verbreitet. Seine Blätter sitzen an bis zu 1 m langen Stielen, im Sommer bildet der Wasserknöterich zarte rosarote Blüten.

SCHON GEWUSST?

Hilfreiche Tauchblätter

Viele Wasserpflanzen haben stark zerteilte Tauchblätter. Das ist ein großer Vorteil für die Pflanzen, denn durch die starke Zerteilung vergrößert sich die Blattoberfläche, was für einen besseren Gas- und Nährstoffaustausch unter Wasser sorgt.

Kleine Teichrose

Die Kleine Teichrose gehört zur Familie der Seerosen, von denen es zahlreiche Unterarten gibt. Man findet die Kleine Teichrose häufig in kühlen Moor- und Gebirgsseen. Ihre Schwimmblätter ähneln denen der Seerose, sind aber deutlich kleiner. An der Unterseite sind sie unterschiedlich stark behaart.

SCHON GEWUSST?

Blütezeit

Im Sommer, zwischen Juni und September, trägt die Kleine Teichrose ihre gelben, schwach duftenden Blüten.

Froschbiss

Diese Schwimmblattpflanze findet man hauptsächlich in sonnigen, nährstoffreichen Gewässern, die entweder stehend oder nur langsam fließend sind. Typisch für den Froschbiss sind frei im Wasser schwimmende Rosetten mit fast kreisrunden, am Rand herzförmig eingeschnittenen großen Schwimmblättern. Mit etwas Fantasie erinnern diese an die Schnauzenform eines Frosches – vermutlich kommt daher auch der Name dieser Pflanze.

SCHON GEWUSST?

Raffinierte Vermehrung

Im Herbst lösen sich von der Pflanze 1-2 cm große und nährstoffreiche Knospen, die sogenannten Winterknospen. Sie sinken auf den Gewässerboden und steigen dann im nächsten Frühjahr an die Wasseroberfläche, um zu einer neuen Pflanze heranzuwachsen.

Laichkraut

Das Schwimmende Laichkraut ist eine wuchernde, schnell wachsende Schwimmblatt- und Unterwasserpflanze. Im Herbst bildet das Laichkraut wunderschöne, winzige Samen, die unter der Lupe betrachtet wie exotische Früchte aussehen.

SCHON GEWUSST?

Wo wächst das Laichkraut?

Das Schwimmende Laichkraut besiedelt Teiche, Seebuchten, Weiher und Gräben, manchmal auch langsam fließende Bäche.

Unterwasserpflanzen

Fieber-Quellmoos

Das Fieber-Quellmoos gehört zur Gattung der Laubmoose. Diese Unterwasserpflanze findet man häufig in Quellen und sauberen, nährstoffreichen Bächen, manchmal auch am Grund von Seen. Sie wächst in größeren Kolonien und bildet unter Wasser eine Art Teppich. Ihre Stängel können bis zu 50 cm hoch werden, auf ihnen befinden sich kleine, scharf gekielte Blättchen.

SCHON GEWUSST?

Macht gesund und gibt Sauerstoff

In früheren Zeiten wurde das Fieber-Quellmoos als Heilpflanze genutzt. Heute verwendet man sie dagegen als Sauerstofflieferant in Aquarien und Gartenteichen.

Fotoquelle: Bernd Haynold

Wasserpest

Langsam fließende Gewässer sind der natürliche Lebensraum der Wasserpest, einer bei uns sehr häufigen Unterwasserpflanze. Ihre Stängel können bis zu 3 m lang werden, ihre Blätter sind länglich und fein verzweigt. Zum Blühen kommt die Wasserpest nur selten.

SCHON GEWUSST?

Import aus Amerika

Die Wasserpest heißt mit vollem Namen Kanadische Wasserpest, weil sie ursprünglich aus Nordamerika kommt, inzwischen aber bei uns weit verbreitet ist.

Grünalge

Die Grünalge ist weit verbreitet, vor allem in kleinen Süßwassertümpeln und Pfützen. Wie alle Algen bildet auch die Grünalge das Phytoplankton, den pflanzlichen Teil des Planktons. Damit ist sie eine wichtige Nahrungsgrundlage für viele Kleinstlebewesen im Wasser.

SCHON GEWUSST?

Algenblüte

Unter Algenblüte versteht man nicht das Blühen von Algen, wie der Name vermuten lassen würde. Damit bezeichnet man vielmehr eine massenhafte Vermehrung von Algen.

Quirliges Tausendblatt

Diese Unterwasserpflanze wächst vor allem in stehenden, nährstoffreichen Gewässern, zum Beispiel in Teichen oder kleinen Seen. Dabei finden sich viele Pflanzen zusammen und bilden eine Art von Kissen. Der Stängel des Quirligen Tausendblatts ist grünlich bis gelblich, die mehrgliedrigen Blätter sehen wie kleine Quirle aus.

SCHON GEWUSST?

Beliebt bei Enten

Leider ist das zarte Quirlige Tausendblatt ein Leckerbissen für Enten, die im Frühjahr einen geeigneten Teich für die Brutzeit suchen. Innerhalb weniger Minuten fressen sie auch größere Mengen des Tausendblatts. Zum Glück sinken die übriggebliebenen Reste zu Boden, wachsen wieder an und vermehren sich – vor allem im tieferen Wasser, wo sie vor den Enten sicher sind.

Spuren und Fährten

Nicht alle Tiere an Bach und Teich machen es dir leicht, sie zu beobachten. Denn viele Tiere sind sehr scheu. Sobald sie hören oder riechen, dass sich ein Mensch nähert, ergreifen sie die Flucht. Andere Tiere sind nachtaktiv, werden erst nach Einbruch der Dunkelheit munter und verstecken sich tagsüber unter Steinen oder zwischen Pflanzen. Manche Insekten sind auch so winzig, dass du sie mit bloßem Auge nicht wahrnehmen kannst. Schade, oder?

Damit du dir trotzdem eine Vorstellung von der Lebensweise und dem Lebensraum dieser so schwer zugänglichen Tiere machen kannst, solltest du dich auf die Suche nach den Spuren und Fährten begeben, die sie zu Wasser und zu Land hinterlassen. Solche Spuren können Fußabdrücke oder Kotreste sein, mit etwas Glück findest du auch ein verlassenes Nest oder eine Wohnburg. Schau dich mal mit Detektiv-Augen im Uferbereich der Gewässer und auf der Wasseroberfläche um. Du wirst staunen, was du alles entdeckst!

Trittspur Höckerschwan

Tiere hinterlassen Trittspuren

Die Trittspur eines Vogels nennt man Geläufe. Die Trittspuren von Wasservögeln wie Enten, Teichhühnern oder Graureihern erkennst du daran, dass sich ihre Schwimmhäute zwischen den Zehen oft deutlich am Boden abdrücken, vor allem im feuchten Sand oder auch bei Schnee.

SCHON GEWUSST?

Veränderliche Trittspuren

Die Trittspur eines Tieres erscheint nicht immer gleich groß auf dem Untergrund. Im Pulverschnee, aber auch in Sand oder feuchtem Schlamm wird sie zum Beispiel größer. Dies musst du berücksichtigen, wenn du Spuren bestimmen möchtest.

Spur einer Stockente

Trittspuren des Graureihers

Diesen etwa 90 cm großen und 1-2 kg schweren Wasservogel hast du bestimmt schon einmal am Ufer eines Flusses oder Teichs gesehen. Wenn er seine Flügel ausbreitet, haben sie eine Spannweite von über 1,75 m! Du erkennst den Graureiher an seinem grauen Gefieder und dem gelben Schnabel. Zur Brutzeit im Frühjahr zieht er sich auf Bäume zurück. In dieser Zeit kannst du vielleicht seine Trittspuren am Ufer finden, wenn er sich aufmacht, um für seinen Nachwuchs Futter zu holen (kleine Fische, Frösche oder Lurche).

FINNs TIPP!

Einer Fährte auf der Spur

Du hast mehrere Trittspuren eines Tieres entdeckt, das gelaufen ist? Toll, dann bist du seiner Fährte auf der Spur! Die einzelnen Fußabdrücke verraten dir hoffentlich, um welches Tier es sich handelt. Die Abfolge der Spuren dagegen gibt Aufschluss darüber, ob das Tier schnell oder langsam gelaufen ist. Wenn die einzelnen Spuren relativ nah und gleichmäßig aufeinander folgen, war das Tier langsam unterwegs. Wenn die Abstände größer werden und die Spuren nicht mehr so gleichmäßig sind, war das Tier vielleicht auf der Jagd oder musste vor einem Feind fliehen.

Kot, Gewölle und andere Tierspuren

Auch der Kot oder die Losung eines Tieres ist ein sicheres Zeichen dafür, dass du seinen Lebensraum entdeckt hast. Am Aussehen des Kots kannst du möglicherweise erkennen, von welcher Tierart er stammt. So sieht zum Beispiel der Kot von Vögeln oft wie ein kleiner Klecks aus. Ähnliches gilt auch für das sogenannte Gewölle, das manche Tiere von sich geben: So nennt man unverdauliche Nahrungsreste, die wieder ausgewürgt werden. Auch dieses Gewölle unterscheidet sich bei verschiedenen Tierarten. Und manche Tierarten werfen sogar Teile ihres Körpers ab, die du entdecken kannst. Zum Beispiel häuten sich die Larven von Libellen, um die Form des fertigen Tieres anzunehmen.

Kot des Fischotters

Der Fischotter zählt zu den spannendsten Tieren an Bach und Teich, leider aber auch zu denen, die man kaum zu Gesicht bekommt. Er ist zum einen bei uns recht selten geworden, zum anderen ist er sehr scheu. Eine Möglichkeit, um seine Spur zu verfolgen, ist die Suche nach seinem Kot. Der frische Kot des Fischotters ist schwärzlich und schleimig, im getrockneten Zustand wird er gräulich und bröckelig. Wenn du ihn mit der Lupe untersuchst, findest du vielleicht unverdaute Fischschuppen und Fischgräten oder Überreste von Krebstierchen.

FINNs TIPP!

Das ist mein Revier!

Der Fischotter legt seinen Kot oft auf erhöhten Plätzen am Ufer eines Gewässers ab, um auf diese Weise sein Revier zu markieren. So macht es übrigens auch der Fuchs.

Gewölle des Eisvogels

Der räuberische Eisvogel schluckt seine Beute in einem Stück und unzerkleinert hinunter. Die unverdaulichen Teile des Beutetieres wie Fischschuppen, Knochen oder Insektenreste würgt er anschließend wieder heraus. Das Ergebnis ist ein 1-2 cm großes, bräunliches Gewölle, das man manchmal im Uferbereich entdecken kann.

Haut einer Libellenlarve

Das Leben einer Libelle besteht aus zwei ganz unterschiedlichen Lebensabschnitten: Als Larve lebt sie im Wasser, als ausgewachsene Libelle an Land. Beim Übergang vom Wasser aufs Land schlüpft die Larve aus ihrer Larvenhaut und lässt sie irgendwo am Ufer liegen. Wenn du die Augen offen hältst, entdeckst du vielleicht eine solche abgeworfene Libellenhaut!

FINNs TIPP!

Eine abgeworfene Larvenhaut kannst du gut aufheben und dir so nach und nach eine kleine Sammlung zulegen.

Vögel bauen Nester

Nest der Stockente

Die Stockente baut ihr Nest meist gut versteckt im dicht bewachsenen Uferbereich eines Gewässers. Im Notfall weicht sie auch auf einen Baum oder eine Baumhöhle aus. Als Baumaterial verwendet die Stockente große Halme, die innen schön weich mit den Brustfedern oder Daunen des Weibchens gepolstert werden. Die Ente sitzt beim Brüten nahezu unbeweglich auf ihrem Nest, sie ist wegen ihrer unauffälligen bräunlichen Färbung kaum zu sehen. Wenn sie das Nest zum Futtersuchen verlässt, deckt sie das Gelege mit ein paar Daunenfedern zu.

FINNs TIPP!

Eierschalen am Boden

Im Frühjahr entdeckst du manchmal Eierschalen am Boden, etwa am Ufer eines Teichs oder Bachs. Aus den meisten dieser aufgebrochenen Eier sind die Küken bereits geschlüpft, keine Sorge! Nur wenn du im Innern des Eis noch Spuren von Dotter und Eiweiß findest, dann ist es vermutlich einem räuberischen Tier zum Opfer gefallen.

Vogelnest haltbar machen

Du hast ein Vogelnest gefunden und möchtest es gerne für deine Sammlung aufheben? Dann besorg dir ein Grundiermittel aus dem Baumarkt und präpariere es damit. Dadurch wird das Nest haltbarer und fällt nicht auseinander. Aber geh dafür unbedingt ins Freie! Transportiere das Nest vorher in einer Plastiktüte und bring es nicht in die Wohnung, denn es kann zum Beispiel Milben enthalten.

Brutröhre des Eisvogels

Anders als viele andere Vögel baut der Eisvogel kein Nest, sondern eine bis zu 1 m lange Brutröhre, in die er sich zum Brüten zurückzieht. Seine Brutröhre ist recht unauffällig, denn der Eingang ist nur wenige Zentimeter groß. Als Standort sucht er sich ein senkrechtes oder überhängendes Steilufer an einem Gewässer aus.

SCHON GEWUSST?

Erst-, Zweit- und Drittbrut

Der Eisvogel brütet zweimal, manchmal sogar dreimal im Jahr. Damit seine Brutröhre nicht durch wiederholtes Benutzen zu leicht von gefährlichen Feinden entdeckt wird, sucht er sich zwei oder drei verschiedene Brutröhren, für jede Brut eine neue – ganz schön anstrengend, oder?

FINNs TIPP!

Verschmierter Eingang

Du hast eine Brutröhre eines Eisvogels ausgemacht? Vorsicht, wenn ihr Eingang mit Kot verschmiert ist, bedeutet das, dass die Höhle besetzt ist. Dann darfst du den Vogel und seine Brut nicht stören.

Säugetiere und ihre Burgen

Wenn du schon einmal eine Biberburg oder die Burg einer Bisamratte gesehen hast, warst du bestimmt beeindruckt: Es ist schon erstaunlich, was diese geschickten Tiere anstellen, damit sie eine schön gemütliche Unterkunft bekommen! Vom Biber werden Stämme, Äste, Zweige, Steine und Schlamm herangeschleppt, um im Wasser oder am Ufer seine Burg zu bauen. Die Bisamratte verwendet eher Schilf, Binsen und andere Wasserpflanzen für ihre Wohnburg.

Baumeister Biber

An der Stelle, wo der Biber seine Burg bauen möchte, reguliert er als erstes den Wasserstand, indem er einen Damm baut. Dafür richtet er einen Wall aus Steinen und Schlamm auf, den er mit Zweigen und Stämmen befestigt. Dieser Biberdamm kann bis zu 1,50 m hoch werden. Als nächstes geht der Biber an den Bau seiner Burg: Er schleppt jede Menge Äste und Zweige heran, häuft sie aufeinander und dichtet sie mit Schlamm ab. Dann nagt er von schräg unten einen Eingang in seine Burg. Der Eingang zur Höhle liegt immer unter Wasser, während die eigentliche Burg über Wasser ist.
Ist die Biberburg fertig, dient sie mehreren Generationen von Bibern als Wohnburg. Sie schlafen dort und ziehen in der Burg auch ihre Jungen auf.

SCHON GEWUSST?

Starke Zähne

Die Nagezähne des Bibers sind sehr stark und kräftig. Seine unteren Zähne können bis zu 3,5 cm lang und 8 mm breit werden. Damit kann der Biber sogar Baumstämme mit einem Durchmesser von bis zu 1 m fällen! Vielleicht entdeckst du auf deiner Expedition einen Baumstamm, den ein Biber angenagt hat?

FINNs TIPP!

Dem Biber auf der Spur

Biber suchen sich gerne langsam fließende und stehende Gewässer mit vielen Weiden und Pappeln am Ufer aus. Das Wasser muss tief genug sein, damit der Biber darin sicher schwimmen kann und es im Winter nicht einfriert. Im Sommer darf es natürlich auch nicht austrocknen.

Höhle der Bisamratte

Auch die Bisamratte, die man oft nur Bisam nennt, baut sich einen Unterschlupf, aber anders als der Biber. Mit ihren kräftigen Zähnen und ihren Vorderpfoten legt sie zuerst eine lange und tiefe Erdhöhle an der Uferböschung an. Das Schlupfloch, über das die Bisamratte ihre Höhle erreicht, liegt immer unter Wasser. An Land bohrt sie dagegen Luftlöcher in ihre Erdhöhle, damit sie ausreichend belüftet wird. Dies kann zu großen Schäden an Erddämmen von Kanälen, Schutzdeichen und Fischteichen führen, weshalb die Bisamratte nicht überall gerne gesehen ist.

Winterburg aus Schlamm und Schilf

Zusätzlich zur Erdhöhle baut sich die Bisamratte eine sogenannte Winterburg, meist im flachen Ufer von Teichen und in Sümpfen. Als Baumaterial verwendet sie Schlamm, Schilf und andere Wasser- und Uferpflanzen. Ihre kegelförmige Burg ist ganz schön groß, sie hat einen Durchmesser und eine Höhe von bis zu 2 m! Der Eingang ist unter Wasser. Im Innern der Burg befindet sich der sogenannte Wohnkessel, in dem sich die Bisamratte versteckt und ihre Jungtiere versorgt.

SCHON GEWUSST?

Kein Holz

Die Bisamratte verwendet alle möglichen Materialien für ihre Erdhöhle und ihre Winterburg: Schlamm, Schilf, Wasserpflanzen – aber nie Holz!

Mensch und Gewässer

Einfluss des Menschen

Sehr viele unserer heimischen Gewässer, ob Seen, Flüsse oder Bäche, sind nicht mehr in ihrem natürlichen Zustand, sondern wurden in irgendeiner Form vom Menschen beeinflusst: Bäche und Flüsse werden zum Beispiel begradigt und in ein festes Bett gepresst. Manchmal werden sie in unterirdische Röhren verlegt oder sogar ausgetrocknet, um einer neuen Straße, einer Wohnsiedlung, einem Einkaufszentrum oder auch einem Maisfeld Platz zu machen. Es gibt aber auch das Gegenteil, dass durch den Menschen neue Gewässer entstehen, zum Beispiele Baggerseen beim Bau eines großen Wohnblocks, oder Gartenteiche im eigenen Garten.

Verschmutzung der Gewässer

Auch durch die Umweltverschmutzung nehmen die Menschen Einfluss auf die Gewässer und deren Lebensräume. Gewässer werden zum Beispiel verschmutzt, wenn eine Fabrik ihre Abwässer in einen Fluss leitet, wenn aus der Landwirtschaft zu viel Gülle und Dünger ins Wasser gelangen oder wenn ein Autofahrer sein altes Motoröl nicht richtig entsorgt, sondern einfach in einen Weiher kippt.

FINNs TIPP!

Auch du kannst deinen Beitrag dazu leisten, dass unsere Gewässer sauber bleiben, indem du sowohl im Uferbereich als auch am und im Wasser keinen Müll zurücklässt. Wenn du Müll findest, den andere Menschen zurückgelassen haben, nimm ihn doch mit und wirf ihn in einen Mülleimer.

Begradigung von Bächen

Ein Bach und seine Uferzone bildet ein vielfältiges Ökosystem und ist Lebensraum für zahlreiche Pflanzen und Tiere. Normalerweise wachsen am Bachufer viele Bäume und Sträucher, die sogenannten Auwälder. Sie haben wichtige Aufgaben: Bei heftigen Regenfällen nehmen sie viel Wasser auf und vermindern so die Gefahr von Überschwemmungen und von Schäden durch sehr schnell fließendes Wasser. Bei Trockenheit dagegen bilden die Auwälder eine Wasserreserve für Menschen und Natur.

Oft haben die Menschen diese Auwälder aber abgeholzt, weil sie zum Beispiel das Holz verarbeiten wollten. Was passiert dann? Ohne die schützenden Auwälder kann das Wasser die Ufer leichter angreifen und zerstören. Und um das zu verhindern, hat man in den letzten Jahrzehnten viele Bäche begradigt.

Folgen der Begradigung

Diese Begradigung von Bächen hat aber verheerende Folgen: das Hochwasser fließt sehr schnell ins Tal und kann dort unter Umständen Überschwemmungen zur Folge haben. Das schnell fließende Wasser reißt Sand, Steine und Schlamm vom Boden und den Ufern mit.

Zum Glück erkennen inzwischen immer mehr Naturschützer und Politiker, dass diese Art der Flurbereinigung, wie man die Bachbegradigung auch nennt, verheerende Folgen hat. Deshalb gibt es inzwischen schon Gegenbewegungen: Man versucht, einen begradigten Bach wieder in seinen natürlichen Lauf zurückzuführen!

FINNs  TIPP!

Frag doch mal nach!

Erkundige dich doch einmal beim Naturschutzbund oder einer ähnlichen Organisation, wie es in deiner Gegend um die Bäche bestellt ist: Hat man sie begradigt oder sind sie naturbelassen?

Künstlich angelegte Gewässer

Baggerseen

Neue Gewässer entstehen, wenn zum Beispiel Kies- oder Sandgruben ausgehoben werden. In der dabei entstandenen Grube kommt das Grundwasser nach oben und schon ist ein Baggersee entstanden. Zuerst ist er ein rein künstliches Gewässer, doch im Laufe der Zeit siedeln sich dort auch Pflanzen und Tiere an.

Gartenteiche

Viele Menschen legen in ihrem Garten einen kleinen Teich an, bepflanzen ihn und setzen dort sogar Tiere, etwa bestimmte Fischarten, hinein. Man sollte sich vorher darüber informieren, welche Lebensbedingungen die jeweiligen Pflanzen und Tiere benötigen. So ist zum Beispiel die Wahl des richtigen Standorts sehr wichtig: Ideal ist eine Mischung aus Sonne und Schatten. Denn Wasserpflanzen brauchen viel Sonne, zu viel Licht führt aber zu starkem Algenwachstum.

FINNs TIPP!

Gartenteich anlegen

Lasst euch unbedingt von einem Erwachsenen helfen.

Das braucht ihr: Schaufel und Grabgabel, Sand, spezielle Teichfolie, Eimer
So geht´s: Mit Schaufel und Grabgabel hebt ihr ein ca. 1m tiefes Loch aus. Dann sortiert ihr alle Steine heraus, sie könnten Löcher in die Folie bohren. Jetzt bettet ihr die Grube mit dem Sand aus, legt die Folie hinein und zieht sie glatt. Wichtig: Die Folie sollte den Rand überlappen. Damit sie gut hält, aber nicht zu sehen ist, schüttet ihr einen Teil der ausgehobenen Erde darüber, sodass ein Wall um den Teich entsteht. Nun könnt ihr Wasser hineinfüllen.

Verschmutzung der Gewässer

Zum Glück begreifen immer mehr Menschen, wie wichtig unsere Gewässer sind, und dass wir dafür sorgen müssen, sie möglichst sauber zu halten. Um das zu erreichen, musste man aber erst einmal erkennen, wodurch unsere Gewässer belastet werden.

Man unterscheidet 7 verschiedene Belastungsgruppen, je nach ihrer Herkunft und Wirkung auf die Lebewesen in einem Gewässer. Für uns Menschen ist Wasser je nach Art der Belastung Trinkwasser oder Brauchwasser. So nennt man Wasser mit schlechterer Qualität, das z. B. zum Wäsche waschen verwendet werden kann, aber nicht zum Trinken.

Die 7 Belastungsgruppen

1. Leicht abbaubare Stoffe: Organische (lebendige) Verunreinigungen, die nach einer bestimmten Zeit abgebaut werden. Sie kommen zum Beispiel aus überlasteten Kläranlagen, Brauereien oder Zuckerfabriken.
2. Schwer abbaubare Stoffe: Sie können zwar von Pflanzen und Tieren abgebaut werden, aber nur nach langer Zeit und zahlreichen Abbaustufen. Sie stammen zum Beispiel aus Industriebetrieben.
3. Salze: Wenn ein Gewässer einen zu hohen Salzgehalt hat, verarmt seine Pflanzen- und Tierwelt. Meist sind diese Salze Abwässer von Düngerfabriken.
4. Schwermetallverbindungen: Schwermetallverbindungen wie Blei, Chrom oder Kupfer kommen vor allem aus Metall verarbeitenden Betrieben in unsere Gewässer.
5. Sonstige Verunreinigungen: Darunter fasst man zum Beispiel die Abwasser aus der Landwirtschaft, von Forschungsinstituten und Krankenhäusern zusammen.
6. Erwärmung von Gewässern: Wenn Gewässer unnatürlich erwärmt sind, ist oft Abwärme aus Wärmekraftwerken oder manchen Industriewerken die Ursache dafür.
7. Saurer Regen: Seit etwa 30 Jahren, so hat man festgestellt, werden unsere Gewässer durch saure Niederschläge belastet. Dies ist eine Folge der Umweltverschmutzung.

Beurteilung der Wassergüte

Um festzustellen, wie sauber das Wasser in einem bestimmten Gewässer ist, verwendest du spezielle Teststäbchen, mit denen du den pH-Wert messen kannst. Man bekommt sie oft im gut sortierten Aquarienhandel. Die streifenförmigen Stäbchen haben in der Mitte eine Testzone, darüber und darunter verschiedenfarbige Vergleichszonen mit pH-Wert-Angaben. Du tauchst sie in das zu untersuchende Wasser kurz ein und vergleichst die entstehende Farbe der Testzone mit den Farben der Vergleichszonen.

SCHON GEWUSST?

Was ist der pH-Wert?

Der pH-Wert eines Gewässers sagt etwas darüber aus, ob das Wasser sauer, neutral oder alkalisch ist.

Tiere als Gütezeiger

Manche Tierarten, wie zum Beispiel der Fischotter, können nur in sauberem und sauerstoffreichen, also unbelastetem Wasser leben. Andere Tierarten dagegen vertragen auch eine mehr oder weniger starke Verschmutzung des Gewässers. Aus dem Vorkommen bestimmter Tierarten kann man also auf die Wasserqualität schließen.

I (dunkelblau: unbelastet): Steinfliegenlarven 

I-II (hellblau: gering belastet): Libellenlarve 

II (dunkelgrün: mäßig belastet): Wandermuschel 

II-III (hellgrün: kritisch belastet): Schnauzenschnecke 

IIII (gelb: stark verschmutzt): Rollegel 

IIII-IV (orange: sehr stark verschmutzt): Schlammröhrenwürmer 

IV (rot: übermäßig stark verschmutzt) Rattenschwanzlarve 

Naturschutz und Rote Liste

Wenn man feststellen will, ob bestimmte Pflanzen und Tiere gefährdet sind, muss man zuerst einmal wissen, welche Arten wo und in welcher Häufigkeit vorkommen. Als nächstes untersucht man, wie sich die Bestände über einen längeren Zeitraum hinweg entwickelt haben. Forscher vergleichen den Pflanzen- und Tierbestand über mehrere Jahre, Jahrzehnte oder sogar noch länger.

Gefährdete Pflanzen und Tiere

Wenn die Forscher herausfinden, dass der Bestand einer Pflanzen- oder Tierart rückläufig ist, werden sie hellhörig. Dann gilt diese Art als gefährdet. Je nachdem was sie über die einzelnen Pflanzen- und Tierarten herausgefunden haben, teilen sie diese in verschiedene Gefährdungsgrade ein.

Gefährdungsgrade:

0 = ausgestorben oder verschollen
1 = vom Aussterben bedroht
2 = stark gefährdet
3 = gefährdet
G = Gefährdung anzunehmen, aber Status (Zustand) unbekannt
R = extrem seltene Arten

SCHON GEWUSST?

Rote Liste

Alle Pflanzen und Tiere, die eine Gefährdungsstufe zwischen 0 und R haben, werden in der sogenannten „Roten Liste der gefährdeten Tiere bzw. Pflanzen Deutschlands" aufgeführt. Wenn du mehr darüber wissen möchtest, kannst du die Rote Liste im Internet unter **www.rote-liste.de** finden. So kannst du dich schlau machen, welche Tiere wir besonders schützen sollten und welche Pflanzen du nicht mitnehmen darfst.

„Neubürger" an Bach und Teich

Bei Tieren und Pflanzen kommt es immer wieder vor, dass sich neue, fremde Arten aus anderen Ländern bei uns ansiedeln. Manchmal hilft der Mensch dabei nach, wenn er zum Beispiel die Bisamratte aus Nordamerika mitbringt und in Europa ansiedelt. Manchmal geschieht es aber auch ohne menschliches Zutun: Tiere suchen sich einen neuen Lebensraum, weil sie in ihrer alten Heimat zum Beispiel zu viele Feinde haben oder nicht genügend Futter finden. Dieser Zustrom neuer Tier- und Pflanzenarten ist enorm, fast täglich kommen bei uns neue Arten dazu.

Amerikanischer Ochsenfrosch

Der Amerikanische Ochsenfrosch lebt eigentlich in Nordamerika, östlich der Rocky Mountains. Dort besiedelt er größere Flussufer, Seen und Teiche. Wie kam er von dort nach Europa? Über Frankreich, denn dort gelten Froschschenkel als Delikatesse. Weil der Ochsenfrosch besonders kräftige Schenkel hat, brachte man ihn nach Frankreich. Und von dort kam er auch nach Deutschland. Da er in Europa keine natürlichen Feinde hat, breitet er sich hier sehr stark aus und verdrängt viele heimische Arten.

Japanischer Staudenknöterich

Der Japanische Staudenknöterich wurde ebenfalls vom Menschen nach Europa gebracht. Um 1825 führt ein gewisser Philipp Franz von Siebold den Staudenknöterich als Zier- und Viehfutterpflanze in Europa ein.

Dein Gewässertagebuch

Wenn du in der Nähe eines Bachs oder Teichs wohnst, hast du vielleicht Lust, dieses Gewässer und seine Pflanzen und Tiere zu verschiedenen Jahreszeiten zu beobachten und zu untersuchen. Kauf dir dafür ein leeres Heft und notiere dort die Ergebnisse deiner Expeditionen. Wenn du magst, kannst du auch Fotos einkleben, die du selbst gemacht hast. Ein solches Heft mit Beobachtungen über einen längeren Zeitraum, zum Beispiel ein Jahr mit seinen vier Jahreszeiten, nennt man Gewässertagebuch. Wichtig ist, dass du immer das genaue Datum und die Jahreszeit notierst, damit du deine Notizen später gut vergleichen kannst.

Hier findest du ein paar Ideen und Fragen, die du im Laufe eines Jahres an einem Bach oder Teich untersuchen und später in deinem Gewässertagebuch festhalten könntest:

- ✓ Miss regelmäßig die Wassertemperatur und notiere sie dir mit Datum und Uhrzeit.
- ✓ Gibt es Vögel, die am Gewässerufer brüten?
- ✓ Wie sehen ihre Nester aus?
- ✓ Welche Vögel kannst du das ganze Jahr am Bach oder Teich beobachten?
- ✓ Gibt es Vögel, die nur zu einer bestimmten Jahreszeit dort leben?
- ✓ Welche Amphibien hast du am Bach oder Teich entdeckt?
- ✓ Hast du ihren Laich gefunden?
- ✓ Sind es Laichballen oder Laichfäden?
- ✓ Welche Insektenlarven gibt es am Bach oder Teich?
- ✓ Wie verändern sich die Larven im Laufe eines Jahres?
- ✓ Hast du Spuren oder Fährten von Tieren gefunden?
- ✓ Wenn ja, welche? Trittspuren, Kot oder andere Spuren?
- ✓ Wie verändern sich die Uferpflanzen im Laufe eines Jahres?
- ✓ Wie verändern sich die Schwimmblattpflanzen im Laufe eines Jahres?

FINNs TIPP!

Wasserdichter Umschlag

Am besten kaufst du dir ein nicht zu großes Heft mit wasserfestem Einband, dann ist es nicht tragisch, wenn es einmal ein paar Spritzer Wasser abbekommt. Und schreib mit Bleistift, dann kannst du auch mal etwas wegradieren, wenn du etwas falsch notiert hast oder sich deine Beobachtung geändert hat.

Wie schnell fließt der Bach?

Du möchtest herausfinden, ob ein Bach zu verschiedenen Jahreszeiten oder an verschiedenen Stellen im Bachlauf immer die gleiche Fließgeschwindigkeit hat? Das geht ganz einfach: Du brauchst nur einen Ast, ein paar Holzstücke und eine Stoppuhr. Als erstes markierst du mit einer Asthälfte den Start und mit der anderen das Ziel einer bestimmten Strecke im Bach. Jetzt lässt du ein kleines Holzstückchen beim Start ins Wasser und misst mit deiner Stoppuhr die Zeit, die es braucht, bis es am Ziel angekommen ist. Das machst du zu verschiedenen Jahreszeiten und an verschiedenen Stellen im Bachlauf – natürlich immer mit gleich langen Strecken. Notiere deine Ergebnisse nach Monaten geordnet in deinem Gewässertagebuch.

Aas: tote Tiere, die von anderen Tieren, zum Beispiel Steinkrebsen, gefressen werden. Aasfresser sind wichtig für den Naturhaushalt.

Ablaichen: Eiablage bei Fischen, Amphibien und Schnecken.

Amphibien: Tiere, die sowohl im Wasser als auch zu Land leben. Das Wort „Amphibien" kommt aus dem Griechischen und bedeutet „zweifaches Leben". Viele Arten verbringen das Larvenstadium im Wasser und gehen als ausgewachsene Tiere an Land. Beispiele für Amphibien sind Frösche und Feuersalamander.

Baggersee: künstlich angelegter See, der durch den Abbau von Kies oder Sand als Baumaterial entstanden ist.

Bürzel: Hautdrüse unterhalb des Schwanzansatzes. Sie stellt einen wasserabweisenden Stoff zum Einfetten der Federn her und schützt so das Tier vor Kälte. Einen Bürzel haben zum Beispiel die Wasseramsel oder die Ente.

Chitin: Hauptbestandteil des Panzers von Krebsen, Insekten und Spinnentieren.

Fleischfresser: Tiere, die sich überwiegend von Fleisch ernähren. Dadurch unterscheiden sie sich von Pflanzenfressern und Allesfressern. Fleischfresser gibt es in fast allen Tierarten, vom Säugetier bis zu Insekten.

Gefieder: alle Federn eines Vogels.

Gefälle: Höhenunterschied bei einem Berg oder einem Gewässer.

Kieme: Atmungsorgan vieler im Wasser lebender Tiere, zum Beispiel Kaulquappen, Fische, Insektenlarven, Muscheln und Schnecken. Der Sauerstoff wird direkt aus dem an den Kiemen entlangströmenden Wasser aufgenommen. Manche Kiemen sind äußerlich sichtbar, andere versteckt.

Kot (Losung): Ausscheidung des Darmes bei Menschen und Tieren. In der Jägersprache nennt man den Kot von Wild und Hund auch Losung.

Laich: Eier von Tieren, die im Wasser abgelegt werden. Die Eier sind von einer durchsichtigen, gallertartigen Hülle umgeben und können als Klumpen, Schnüre oder auch einzeln im Wasser abgelegt werden. Beispiele sind Lurche, Schnecken, Fische und Frösche.

Larven: Jungtiere bei Insekten und anderen wirbellosen Tieren, die meist ganz anders aussehen als die erwachsenen Tiere. Im Lauf ihrer Entwicklung wächst die Larve und ähnelt immer mehr dem ausgewachsenen Tier. Ein Beispiel sind die Kaulquappen beim Frosch.

Mikroorganismus: winzig kleine Lebewesen, die mit bloßem Auge nicht zu erkennen und nur mit dem Mikroskop zu sehen sind, z.B. Bakterien.

Molch: Unterfamilie der Schwanzlurche; man unterscheidet Molche, die während der Paarungszeit im Wasser leben und solche, die immer an Land leben.

Nachtaktiv: Tiere, die überwiegend in der Dämmerung und nachts auf die Jagd gehen und tagsüber meist schlafen.

Ökosystem: Gefüge aus verschiedenen Lebewesen und ihrem Lebensraum. Beispiele sind ein Gebirgsbach, ein Laubwald oder eine Sandwüste.

Paarung: Begattung oder geschlechtliche Vereinigung eines männlichen und eines weiblichen Tieres: Wenn das Ei des Weibchens vom Samen des Männchens befruchtet wird, kann ein Junges heranwachsen.

Pflanzenfresser: Tiere, die sich von pflanzlicher Nahrung ernähren.

ph-Wert: Maß z.B. dafür, wie sauer ein Gewässer ist (s. „sauer/neutral/alkalisch").

Plankton: Kleine Tiere, Pflanzen und Pilze, die im Wasser schweben.

Puppe: Entwicklungsstadium von Insekten mit vollkommener Verwandlung. Aus der Puppe schlüpft das fertige Insekt.

Reptilien: Wirbeltiere mit einer Haut, die von verhornten Schuppen oder Hornschilden bedeckt ist. Ihre Körpertemperatur hängt von der Umgebungstemperatur ab. Beispiele für Reptilien sind Schlangen und Schildkröten.

Revier: bestimmtes Gebiet, in dem ein Tier dauernd oder auch nur während der Brutzeit lebt und das es gegenüber Eindringlingen verteidigt.

Säugetiere: höchst entwickelte Klasse der Wirbeltiere. Die Jungen werden von der Mutter mit Milch gesäugt. Bis auf wenige Ausnahmen (z. B. Schnabeltier) bringen Säugetiere ihre Jungen lebend zur Welt. Beispiele für Säugetiere sind Hunde, Katzen, Mäuse und Biber.

Standvogel: Vogel, der das ganze Jahr über in der gleichen Gegend lebt. Ein Beispiel für einen Standvogel ist die Wasseramsel.

Saurer Regen: Regen mit niedrigerem pH-Wert als bei reinem Wasser, also niedriger als 7. Hauptursache für Sauren Regen ist die Luftverschmutzung. Er kann Pflanzen, Böden und Gewässer angreifen.

sauer/neutral/alkalisch: Reines Wasser hat einen ph-Wert von 7, es ist neutral. Wenn der ph-Wert niedriger als 7 ist, ist das Wasser sauer, wenn er höher als 7 ist, ist es alkalisch. Jede Tier- und Pflanzenart bevorzugt einen bestimmten pH-Wert. Ändert er sich in einem Gewässer, z.B. durch Sauren Regen, können Arten dort sterben.

Trächtig: Bezeichnung für ein Tier, das ein Junges austrägt („schwanger" beim Menschen).

Tundra: karge Landschaft, in der nur Sträucher, Gräser und Flechten wachsen.

Wirbellose Tiere: alle Tiere, die kein Skelett und keine Knochen haben. Beispiele für wirbellose Tiere sind Würmer, Schnecken, Muscheln, Krebse, Spinnen und Insekten.

Wirbeltiere: alle Tiere, die eine aus einzelnen Wirbeln bestehende Wirbelsäule besitzen. Alle Säugetiere, zum Beispiel Füchse und Rehe, und somit auch wir Menschen sind Wirbeltiere. Zu den Wirbeltieren zählen außerdem alle Fische, Lurche, Kriechtiere und Vögel.

Zugvogel: Vogel, der den Winter in wärmeren Regionen, z.B. Afrika, verbringt, und im Frühjahr wieder zu uns kommt. Manche Zugvögel legen auf ihrer Reise mehrere Tausend Kilometer zurück. Ein Beispiel für einen Zugvogel ist die Bachstelze.

Zwitter: Tier, das sowohl männliche als auch weibliche Geschlechtsorgane hat und sich selbst befruchten kann. Ein Beispiel für ein solches Zwittertier ist die Gemeine Tellerschnecke.

Ab nach draußen!

Passend zum Buch:

Abenteuerlupe
€ 3,95*
Artikel-Nr.: 8023

Mega-Becherlupe
€ 6.95*
Artikel-Nr.: 9653

Ebenfalls in dieser Reihe erschienen:

Jeder Titel
€ 7,95 (D), € 8,20 (A)
96 Seiten
mit Fotos und
naturalistischen Illustrationen

ISBN 978-3-89777-491-9

ISBN 978-3-89777-492-6

ISBN 978-3-89777-490-2

ISBN 978-3-89777-349-3

ISBN 978-3-89777-339-4

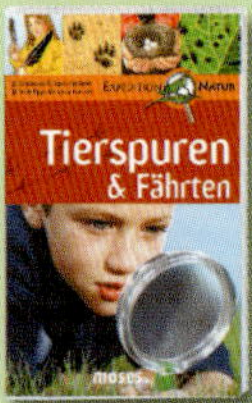

ISBN 978-3-89777-371-4

ISBN 978-3-89777-423-0

ISBN 978-3-89777-424-7

ISBN 978-3-89777-468-1

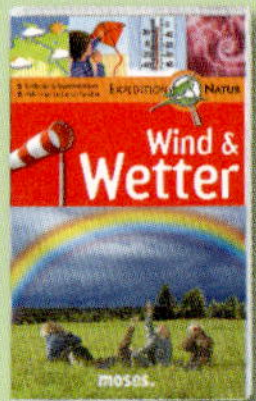

ISBN 978-3-89777-467-4

ISBN 978-3-89777-489-6

ISBN 978-3-89777-348-6

*unverbindliche Preisempfehlung